U0394745

诸葛村古村落营造技艺

诸葛村古村落营造技艺

总主编 金兴盛

浙江省非物质文化遗产代表作丛书

浙江摄影出版社

孙发成 编著

总　序

中共浙江省委书记
省人大常委会主任　夏宝龙

　　非物质文化遗产是人类历史文明的宝贵记忆，是民族精神文化的显著标识，也是人民群众非凡创造力的重要结晶。保护和传承好非物质文化遗产，对于建设中华民族共同的精神家园、继承和弘扬中华民族优秀传统文化、实现人类文明延续具有重要意义。

　　浙江作为华夏文明发祥地之一，人杰地灵，人文荟萃，创造了悠久璀璨的历史文化，既有珍贵的物质文化遗产，也有同样值得珍视的非物质文化遗产。她们博大精深，丰富多彩，形式多样，蔚为壮观，千百年来薪火相传，生生不息。这些非物质文化遗产是浙江源远流长的优秀历史文化的积淀，是浙江人民引以自豪的宝贵文化财富，彰显了浙江地域文化、精神内涵和道德传统，在中华优秀历史文明中熠熠生辉。

　　人民创造非物质文化遗产，非物质文化遗产属于人民。为传承我们的文化血脉，维护共有的精神家园，造福子孙后代，我们有责任进一步保护好、传承好、弘扬好非物质文化遗产。这不仅是一种文化自觉，是对人民文化创造者的尊重，更是我们必须担当和完成好的历史使命。对我省列入国家级非物质文化遗产保护名录的项目一项一册，编纂"浙江省非物质文化遗产代表作丛书"，就是履行保护传承使命的具体实践，功在当代，惠及后世，有利于群众了解过去，以史为鉴，对优秀传统文化更加自珍、自爱、自觉；有利于我们面向未来，砥砺勇气，以自强不息的精神，加快富民强省的步伐。

党的十七届六中全会指出，要建设优秀传统文化传承体系，维护民族文化基本元素，抓好非物质文化遗产保护传承，共同弘扬中华优秀传统文化，建设中华民族共有的精神家园。这为非物质文化遗产保护工作指明了方向。我们要按照"保护为主、抢救第一、合理利用、传承发展"的方针，继续推动浙江非物质文化遗产保护事业，与社会各方共同努力，传承好、弘扬好我省非物质文化遗产，为增强浙江文化软实力、推动浙江文化大发展大繁荣作出贡献！

（本序是夏宝龙同志任浙江省人民政府省长时所作）

前　言

浙江省文化厅厅长　金兴盛

国务院已先后公布了三批国家级非物质文化遗产名录，我省荣获"三连冠"。国家级非物质文化遗产项目，具有重要的历史、文化、科学价值，具有典型性和代表性，是我们民族文化的基因、民族智慧的象征、民族精神的结晶，是历史文化的活化石，也是人类文化创造力的历史见证和人类文化多样性的生动展现。

为了保护好我省这些珍贵的文化资源，充分展示其独特的魅力，激发全社会参与"非遗"保护的文化自觉，自2007年始，浙江省文化厅、浙江省财政厅联合组织编撰"浙江省非物质文化遗产代表作丛书"。这套以浙江的国家级非物质文化遗产名录项目为内容的大型丛书，为每个"国遗"项目单独设卷，进行生动而全面的介绍，分期分批编撰出版。这套丛书力求体现知识性、可读性和史料性，兼具学术性。通过这一形式，对我省"国遗"项目进行系统的整理和记录，进行普及和宣传；通过这套丛书，可以对我省入选"国遗"的项目有一个透彻的认识和全面的了解。做好优秀传统文化的宣传推广，为弘扬中华优秀传统文化贡献一份力量，这是我们编撰这套丛书的初衷。

地域的文化差异和历史发展进程中的文化变迁，造就了形形色色、别致多样的非物质文化遗产。譬如穿越时空的水乡社戏，流传不绝的绍剧，声声入情的畲族民歌，活灵活现的平阳木偶戏，奇雄慧黠的永康九狮图，淳朴天然的浦江麦秆剪贴，如玉温润的黄岩翻簧竹雕，情深意长的双林绫绢织造技艺，一唱三叹的四明南词，意境悠远的浙派古琴，唯美清扬的临海词调，轻舞飞扬的青田鱼灯，势如奔雷的余杭滚灯，风情浓郁的畲族三月三，岁月留痕的绍兴石桥营造技艺，等等，这些中华文化符号就在我们身边，可以感知，可以赞美，可以惊叹。这些令人叹为观止的丰厚的文化遗产，经历了漫长的岁月，承载着五千年的历史文明，逐渐沉淀成为中华民族的精神性格和气质中不可替代的文化传统，并且深深地融入中华民族的精神血脉之中，积淀并润泽着当代民众和子孙后代的精神家园。

岁月更迭，物换星移。非物质文化遗产的璀璨绚丽，并不意味着它们会永远存在下去。随着经济全球化趋势的加快，非物质文化遗产的生存环境不断受到威胁，许多非物质文化遗产已经斑驳和脆弱，假如这个传承链在某个环节中断，它们也将随风飘逝。尊重历史，珍爱先人的创造，保护好、继承好、弘扬好人民群众的天才创造，传承和发展祖国的优秀文化传统，在今天显得如此迫切，如此重要，如此有意义。

非物质文化遗产所蕴含着的特有的精神价值、思维方式和创造能力，以一种无形的方式承续着中华文化之魂。浙江共有国家级非物质文化遗产项目187项，成为我国非物质文化遗产体系中不可或缺的重要内容。第一批"国遗"44个项目已全部出书；此次编撰出版的第二批"国遗"85个项目，是对原有工作的一种延续，将于2014年初全部出版；我们已部署第三批"国遗"58个项目的编撰出版工作。这项堪称工程浩大的工作，是我省"非遗"保护事业不断向纵深推进的标识之一，也是我省全面推进"国遗"项目保护的重要举措。出版这套丛书，是延续浙江历史人文脉络、推进文化强省建设的需要，也是建设社会主义核心价值体系的需要。

在浙江省委、省政府的高度重视下，我省坚持依法保护和科学保护，长远规划、分步实施，点面结合、讲求实效。以国家级项目保护为重点，以濒危项目保护为优先，以代表性传承人保护为核心，以文化传承发展为目标，采取有力措施，使非物质文化遗产在全社会得到确认、尊重和弘扬。由政府主导的这项宏伟事业，特别需要社会各界的携手参与，尤其需要学术理论界的关心与指导，上下同心，各方协力，共同担负起保护"非遗"的崇高责任。我省"非遗"事业蓬勃开展，呈现出一派兴旺的景象。

"非遗"事业已十年。十年追梦，十年变化，我们从一点一滴做起，一步一个脚印地前行。我省在不断推进"非遗"保护的进程中，守护着历史的光辉。未来十年"非遗"前行路，我们将坚守历史和时代赋予我们的光荣而艰巨的使命，再坚持，再努力，为促进"两富"现代化浙江建设，建设文化强省，续写中华文明的灿烂篇章作出积极贡献！

2013年11月20日

目录

中国自古是一个农业大国，随着人口繁衍和生存的需要，人们围绕土地、河流等营建了不同类型的村落，这些村落是中国社会最基本的聚落形态。

民居建筑是构成一个村落的最基本条件，它是村民的栖身之所和基本生活空间。古民居建筑是不可移动的文化遗产，是先辈们积千百年心血加以营造的物质成果。它不仅以有形的物质形态向我们昭示其存在的时空维度，更是以其无形的文化底蕴呈现着建筑的精神状态。因此，关于古村落建筑的考察研究就显得特别重要而有意义。在村落建筑的存在形态上，既包括建筑的物理存在，如房屋的形态、色彩、结构、装饰、布局等，也包括那些无形的精神形态，如建筑的选址依据、营建技艺、艺术风格、习俗信仰等，唯有如此，我们的视角才能全面，建筑的内涵才会完整。西递、宏村、婺源、大芦村以及诸葛八卦村等古村落都是非常有特色的建筑聚落，具有重要的历史文化价值和研究价值。

诸葛八卦村，原名高隆村，始建于元代中后期，是浙江兰溪境内的一处古村落，"中国十大古村"[1]之一，为国内迄今发现的诸葛亮后裔的最大聚居地。依现在的区划看，诸葛八卦村位于浙江金华兰溪境内，金衢盆地西北缘，村落距市区17.5千米，330国道从东侧经过，通往龙游、衢州的省道从北侧经过，杭金衢高速游埠出口下16千米直达，地理位置优越，交通便利。村中心经纬度为北纬29°20′65″，东经119°15′02″，海拔高度

---

[1] 蒋双庆：《兰溪诸葛八卦村跻身十大古村》，《中国旅游报》，2008年10月18日，第005版。

61—90米。村落所处环境优雅，隐蔽安静，村内建筑以九宫八卦理论为依据依势而建，构思巧妙，特色鲜明，历七百余年而不衰，成为古村落、古民居的典范。据全国著名古建筑专家评定，"诸葛八卦村是目前全国保护得最好、群体最大、形制最齐、文化内涵极深厚的一个古村落"。[1] 1996年，诸葛八卦村被国务院列为全国重点文物保护单位。2004年，诸葛八卦村被国家旅游局评定为国家ＡＡＡＡ级景区。诸葛八卦村自1994年对外旅游开放后，凭借其历史价值和文化资源优势，不断吸引着国内外游客到来，也让诸葛八卦村的知名度和影响力进一步提高。

诸葛八卦村除了是全国诸葛亮后裔的最大聚居地外，奇妙的村落布局和富有艺术性的建筑形式是其蜚声海内外的重要原因。诸葛八卦村目前村落建筑的绝大部分都是明清时期所建，有民居、祠堂、商铺、牌坊等多种类型，建筑形式都很有特色。村落内现存明清宗祠厅堂和民居建筑200多座，总建筑面积达6万余平方米。其宗祠厅堂规模宏大，装饰精美，明清时有"十八厅堂"之说，现在实存11座；民居建筑形制多样，错落有致，各种木雕、石雕、砖雕工艺精湛，让古建筑愈显珍贵。村落建筑营造的整体意象就是一幅江南的风景画。深入村落中，斑驳的白墙由于历史的刻画略带一点灰黄的色彩，白墙上的苏式砖雕门楼与披檐木质门头相映成趣；马头墙高挑别致，让建筑更富有节奏感；梁架间的牛腿木雕形态丰富，精美绝伦。在古朴的院落内，能看到不少诗书牌匾，透露出文化的味道。在这里，建筑不再是凝固的石头，而是流动着人的情感，放射出

---

[1]《诸葛八卦村：中国古村落的典范》，《浙江日报》，2003年12月25日。

艺术的光辉, 打上了文化的印记。

从文化遗产保护的角度看, 诸葛八卦村的建筑群落毫无疑问属于物质文化遗产的范畴, 建筑的形体、空间、色彩、构造等都是可以有形地把握的, 也是文化遗产保护的第一层面。而随着非物质文化遗产概念的提出以及非物质文化遗产代表作的申报, 作为物质文化遗产的诸葛八卦村建筑群落则有了更多、更深的内涵。除了那些看得见的建筑形态外, 看不见的建筑形态也变得重要起来。比如, 建筑营造中的手工技艺、设计理念、仪式、禁忌、传说、故事等, 口头的和非物质的层面也成为文化遗产的内容, 成为保护的对象。这种对建筑从有形到无形的全面认识和把握, 体现了社会的进步和文化的发展。这种转变也给诸葛八卦村的长远发展带来了机遇, 有利于诸葛八卦村遗产保护的整体性和文化传统的延续性。2007年, "诸葛后裔祭祖、诸葛古村落建筑艺术"被列入浙江省非物质文化遗产名录, 2008 年, "诸葛村古村落营造技艺"又被列入国家级非物质文化遗产名录, 这意味着诸葛八卦村的文物价值和非物质文化价值都得到了充分的尊重和认可。

本书正是在"非遗"保护深入开展、人们对古村落的热情日益增长的前提下进行考察写作的。诸葛古村落中建筑形式有宗祠、民居、商业建筑、庙宇和其他公用建筑等多种, 本书所关注的主要是古村落中的民居建筑, 兼及其他类型的建筑形式。民居建筑是村落中的私人空间, 与村民的日常生活紧密相关, 它的形制、格局及色彩, 与凝结在建筑中的营造技艺、习俗信仰、设计理念及艺术精神等内容共同构筑起一个完整的建筑文化意象。书中重点探讨诸葛村民居建筑的形制及营造技艺和设计理念，并涉及诸葛村的地理历史及宗族谱系、艺术装饰、建筑的传承与保护等方面。

自诸葛八卦村成为全国文物保护单位并开发旅游后，关于诸葛古村落的研究成果也不断增多。如论文集《诸葛亮及其后裔研究——全国第七届诸葛亮学术研讨会论文选》（新华出版社，1994年）和《十论武侯在兰溪——全国第十届诸葛亮学术研讨会论文选》（浙江大学出版社，1998年），书中作者从诸葛亮后裔的入浙历史、诸葛村古村落布局、民居建筑特色、科举文化、中药文化等不同角度对诸葛八卦村进行了研究。陈志华教授在其著作《诸葛八卦村》（1996年台湾汉声杂志社初版，后经1999年重庆出版社、2003年河北教育出版社、2010年清华大学出版社再版）中，以翔实的资料、准确的论断从建筑学视角对诸葛八卦村进行了全面考察研究。王景新在《诸葛：武侯后裔聚居古村》（浙江大学出版社，2011年）中对诸葛八卦村诸葛后裔的迁徙历史、诸葛古村落的形成和发展、布局结构、建筑园林、经济、社会文化等方面进行了论述。最新出版的《诸葛村志》则从村域与建制、环境与资源、耕地、人口与宗族、农业、商业和工业、中药业、建筑、交通与邮电、教育、文化艺术、习俗、礼仪、兵事、卫生与防疫、文物保护与旅游开发、党政社团与村庄管理、人物、艺文等19个方面提供了详细的资料。此外，还有大量的期刊论文公开发表，关注诸葛八卦村的地理地貌、宗族历史、建筑风水、旅游开发等诸多层面。这些前期的资料为我们今后的学习研究奠定了坚实的基础。

诸葛村的地理历史及宗族

诸葛村古村落位于浙中丘陵地带，背依青山，面临溪水，气候温和，四季分明，村落布局以先祖诸葛亮所创太极八卦为架构营造。自元代中期开始形成，明清时繁盛，声名远扬，成为国内最大的诸葛亮后裔聚居地，家族谱系繁衍六百余年。

诸葛村的地理历史及宗族

　　古村落的选址往往要考虑很多因素，比如土地、水源、气候、资源、交通、安全等。诸葛八卦村是由诸葛亮的第二十七世孙诸葛大狮选址营建的，诸葛大狮广有才学，精于堪舆，在选址时充分注重地理环境和风水理论的结合。从风水理论上讲，诸葛大狮所选的高隆岗地势符合风水学形势宗所追求的"天地之势"，以村中央的钟池为核心，通过巷道和建筑的排列构成内八卦，又依村外的八座山丘构成外八卦，构思巧妙，世上少有。诸葛村村民世代躬耕于此，休养生息，已逾六百年。

[壹]地形地势

　　古人营造村落特别重视风水，认为地形、地貌、地物的选择能够影响人的吉凶祸福，影响后代的繁衍生息。风水理论认为负阴抱阳、背山面水的环境是适宜人居的吉祥福地。诸葛大狮精通风水堪舆之术，经过谨慎的考察之后，最终选择兰溪高隆岗作为村落的基址，进而按先祖诸葛亮所创的八卦阵法构思营造村落。

　　康熙五十年（1711）进士诸葛琪为诸葛氏宗谱写了一篇《高隆族居图略》，详细叙述了诸葛八卦村的风水："吾族居址所自肇，岷峰其近祖也。穿田过峡，起帽釜山，迤逦奔腾前去，阴则数世墓垅，阳则萧、前两宅也。从左肩脱卸，历万年坞殿，蛟龙既断而复起峙者，寺山也。从此落下，则为祖宅住居。旋折而东，钟石阜蒲塘之秀，层冈叠嶂，鹤膝蜂腰，蜿蜒飞舞而来，辟为高隆上宅阳基，其分左支而直前者下宅也。开阳于前，为明堂则菰塘畈敞，环绕于境，为襟带则石岭溪清也。夫且复夹诸峦，四望回合，以龙山桥堰为水口捍门。昔之人欲于此高建浮图，卜休恒吉，窃有志而未之逮也。生于斯、聚于斯，家庙庐舍恒于斯，惟我上宅始迁祖宁五公斩荆辟土，启我衣冠而永之，故绳绳蛰蛰，克有今日也。"[1]

　　从大的地理环境看，诸葛八卦村北面十余里有建德市境内的天池山、大慈岩，西面四里左右有岘山。这几座山之间是连绵的丘陵，诸葛八卦村就位于众山环绕之地，其东、南两面是平原，直达兰江江边。从天池山发源的石岭溪从村北流过，斜向正南流入兰江。岘山以东六里处为诸葛八卦村所在地，这是一处大约一平方千米的丘陵谷地，起伏较大，诸葛八卦村就坐落在低矮的岗阜上，大体自西北走向东南。村中屋舍多依势建筑在山坡上。因此，诸葛八卦村在整体布局上有高低错落的视觉效果。诸葛八卦村周围丘陵起伏，地势南高北低，背依青山，面临溪水，水陆环抱，干湿相宜，符合古代风水理念。中国古代风水理论讲究"藏风得水"，其理想的景观模式是"三面环

[1]陈志华，李秋香：《诸葛村》，清华大学出版社，2010年，第56—57页。

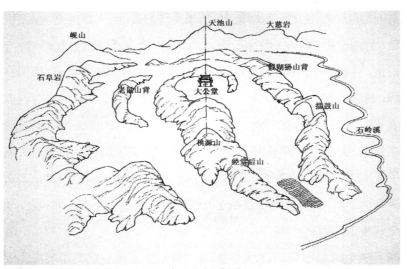

诸葛村风水结构图（原图载于陈志华、李秋香《诸葛村》）

山、水口紧缩、中间微凹、山水相伴、朝抱有情的较为完整的微观地理单元"。[1]村落选址即以此为依据，这样的好环境称为"四神地"或"四灵地"。陈志华教授在《诸葛八卦村》书中总结说，诸葛八卦村的格局是左有石岭溪，右有高隆市，前有北漏塘，后有高隆岗。这是一个青龙、白虎、朱雀、玄武"四灵守中"的风水格局。

从气候看，这片土地气候温和，雨量充沛，四季分明，属亚热带湿润区，宜于农耕、采伐，在农耕文化背景下，这的确是一块风水宝地。

---

[1]黄续，黄斌：《婺州民居传统营造技艺》，安徽科学技术出版社，2013年，第31页。

诸葛八卦村东南方不远有永昌镇，据明代万历年间编的《永昌赵氏宗谱》序中记载："前有耸峙，后有屏障，左趋右绕，四山回环，地无旷土。田连阡陌，坦坦平夷；泗泽交流，滔滔不绝。村成市镇，商贾往来……山可樵、水可渔、岩可登、泉可汲、寺可游、亭可观、田可耕、市可易，四时之景备也。"[1]可见当时的永昌镇已是"山可樵、水可渔"，而诸葛八卦村的地理条件要优于永昌镇，这应该是诸葛大狮迁居高隆岗的重要原因。

[贰]村落格局

唐代杜甫有《八阵图》曰："功盖三分国，名成八阵图。江流石不转，遗恨失吞吴。"从诗中可见杜甫对诸葛亮以八卦阵为代表的雄才伟略给予了充分的肯定。诸葛村之所以被称为八卦村，正是因为其村落布局是以太极八卦为架构，通过屋宇巷道的错落布置而成。经过诸葛后裔世代的营建，村落规模不断扩大，但其格局基本未突破八卦之形，才给我们留下如今的村落形态。

从空中俯视，村中建筑和道路构成八卦形排列。村的中心是一口被称为钟池的池塘，池塘设计成阴阳鱼状，半面为水（东南方位），半面为陆（西北方位），水面和陆地上各有一眼水井，构成一幅完整的太极图。钟池周围是环绕一圈的建筑，如大公堂、崇信堂、怀德堂、庆余堂、敦厚堂等。这些建筑高低错落，形成以钟池为中心的放射形

---

[1]陈志华，李秋香：《诸葛村》，清华大学出版社，2010年，第55页。

钟池（来源：诸葛村古村落营造技艺"非遗"申报书）

钟池边绘有八卦图像的影壁

钟池陆地上的水井

布局。从钟池出发有八条主巷道向外延伸，暗合"乾、坎、艮、震、巽、离、坤、兑"八个方位，与村中高低错落的屋舍构成内八卦之形。[1]围绕村落有八座小山丘，分别是经堂后山、祖宅山、老鼠山、寺下山、大

[1]从该村珍藏的《诸葛氏宗谱》上所绘的明清时期《高隆族居图》和根据现状绘制的《平面布局图》上看，村落布局明显呈九宫八卦形，与文献所述的"八阵图"暗合：中间的钟池象征着阴阳太极，居中为中宫，即八阵图中的"中军"；屋宇房舍均按八卦方位设置，象征八阵；大公堂居北为坎宫，象征八阵图的"蛇盘阵"；敦厚堂居南为离宫，象征"翔鸟阵"；兆基堂居东为震宫，象征"飞龙阵"；崇信堂居西为兑宫，象征"虎翼阵"；大公堂东北角的尚志堂构成艮宫，暗合"云阵"；钟池东南方的大宗祠构成巽宫，暗合"风阵"；西南方的尚礼堂构成坤宫，暗合"地阵"；西北方的怀德堂构成乾宫，暗合"天阵"。见徐国平、陈星：《诸葛村落经营始末及其历史文化内涵浅析》，《东南文化》，1996年第2期，第87—88页。

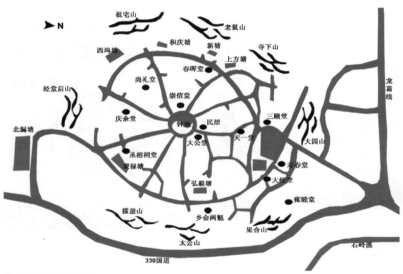

诸葛村古村落格局图

园山、果合山、太公山、擂鼓山，山体似连非连，相依相辅，酷似八卦的八个方位，构成外八卦。整个村落布局严谨，构思精妙，山环水护，内外呼应，构造出一个宜人居、善防卫的理想村落空间。

诸葛八卦村的空间布局亦具有较强的安全防卫功能，村内建筑高低错落，巷弄纵横交叉，似连非连，似断非断，完美地利用了九宫八卦布局，人行其中，好似迷宫，非本村人实难以自由出入。村外八座小山丘成为村落的天然屏障，可调节村内小环境，抵抗自然灾害，保持村落的隐蔽性。北伐战争期间，国民革命军肖劲光部和孙传芳部在此附近激战，村落完好无损；抗日战争期间，敌寇从高隆岗下

诸葛村的小巷

的大道经过，竟没有发现这一村落，使得村落免于一劫。这足以说明诸葛八卦村设计规划的巧妙和成功。

在村落格局中，从明代起就有了"高隆八景"，让村落景致富有艺术性和人文性。这八景散布在诸葛八卦村周边的山岗之上，由西北向西南依次为岘山夕照、翠岫晓钟、双景灵泉、南阳书社、石岭祥云、西畈农耕、菰塘霁月、清溪夜碓。可惜随着时间的推移，这些景点皆已不复存在。

诸葛村在空间利用上实现了天、地、人的完美结合，自然环境中的山川岩石、花草树木与人居建筑、阡陌交通互补互融，营造出一个具有审美意味的生态空间。除了环绕村落的八座小山丘，村内拥有蜘蛛网似的巷道，起伏连通，纵横交错。为了便于生活用水、灌溉和防火

诸葛村民居建筑

临水而建的民居建筑

等，村内设有多口池塘，现今重要的有上塘、下塘、弘义塘、聚义塘、聚禄塘、北漏塘、钟塘、上方塘、西坞塘、墙园塘、药店塘、场塘、新塘、花园塘、天宝塘、樟坞塘、祝家坞塘、王坞塘，合称"十八塘"。村落内的建筑类型主要有宗祠、民居、商业建筑、庙宇等。这些建筑散布在诸葛八卦村的九宫八卦布局中，承载着重要的实用功能和精神诉求。

从民居的整体结构看，诸葛八卦村形成了围绕不同房派的宗祠或祖宅组成团块式的、以血缘关系为纽带的聚落结构。自诸葛大狮定居高隆后，历五代至明中叶安三公的三个儿子原五公彦祥、原七公彦襄、原九公彦贤起分为孟、仲、季三分，这三分分别对应诸葛八卦村住宅区的三大团块。第一块是较早的住宅区，集中在钟池四周和大公堂、丞相祠堂附近，以崇信堂为中心，是孟分的聚居地。第二块在雍睦路和下塘路，以雍睦堂为中心，呈带状分布，四周有进士第、乡会两魁、明德堂、日新堂、大经堂、友于堂等建筑。这是诸葛氏仲分的聚居地。第三块在旧高隆市东侧，背靠老鼠山背，以尚礼堂为中心，周围重要建筑有文与堂、春晖堂、听彝堂等，亦呈带状分布。这一块是诸葛氏季分的聚居地。不同团块的居民有着不同的经营背景，偏向不同的身份。孟分聚居区大多是以农为本的，从土地中讨生活，资财积累后不断建设家园；仲分聚居区多文人绅士，他们做官隐退、回归家乡，建造屋舍、颐养天年；季分聚居区多经商之人，他们将异地经商所得带回家乡，营建深宅高院。这种团块结构随着人口的不断增衍，又进一步细分。

所谓"三代为厅,五代为堂",按此原则,孟、仲、季三分往下又分为几级房派,多数房派又有自己的小宗祠,称之为"大厅"和"小厅",总称"众厅"。一般来说,各个房派的宅居大都围绕本派厅堂营建。

[叁]历史沿革[1]

诸葛八卦村在宋、元、明、清时期都属于兰溪县太平乡仙洞里二十四都二图。据《光绪兰溪县志·卷一·乡都》记载,"太平乡仙洞里二十四都二图,诸葛、王坞、大公塘坞、下宅、梅家、王溪滩"。随着时代的发展,王坞、大公塘坞、下宅已经融为一体,梅家消亡了,王溪滩已划归上徐行政村管辖。

宋代时,县以下设乡,乡下设都,都下设保。以十家为一保,五十家为大保,十大保为一都。当时兰溪县下设十乡,诸葛八卦村属于其中之一的太平乡,除了诸葛氏外,还有王、章、祝等姓氏居住于此,且都以姓氏为居住地名称,有章坞、王坞、祝家坞等村落名称。

元代承袭宋制。当时诸葛八卦村称高隆上宅,属太平乡。元代中后期(1350年前后),高隆诸葛氏始迁祖宁五公诸葛大狮携孙瑞二公、瑞三公等十二人由葛塘迁居高隆上宅。

明代实行都、图制。明代中期,随着诸葛氏的人口繁衍和声名传扬,遂以诸葛姓氏代替村名,改称诸葛八卦村,仍属太平乡。这一时

---

[1]参见王景新:《诸葛:武侯后裔聚居古村》,浙江大学出版社,2011年,第31—35页。
诸葛村志编委会:《诸葛村志》,西泠印社出版社,2013年,第8—21页。

期，诸葛氏多次修家谱，初建雍睦堂，先后两次扩建丞相祠堂，为丞相祠堂的规模大局奠定了基础。

清代推行乡、里、都、图制。乡、里并级，乡下为都，都下为图，图下为自然村。据《兰溪县志》记载，当时太平乡辖二十四至二十八共五个都，计约三十三图，包括现在的龙游县的罗埠镇，兰溪市的孟湖、水亭、圣山、金湖、双牌以及诸葛镇的部分村域。当时诸葛八卦村属太平乡仙洞里二十四都二图。这一时期亦多次修家谱，丞相祠堂中庭建成（1734），嘉庆年间大修雍睦堂。同治元年（1862）至同治二年，清军与太平军多次在诸葛八卦村附近交战，丞相祠堂、高隆市、唐岗等被烧毁。光绪二十六年（1900），丞相祠堂经过四年的重修最终建成，但中庭未复原。

清末实行区、庄制。兰溪县分十五个自治区，区下设庄。原来的一图为一庄，诸葛八卦村属于诸葛自治区诸葛庄。

民国时期，明清时期的都、图制被废止，推行村民自治，设自治区，自治区下的庄改为乡，诸葛八卦村隶属于诸葛乡。民国以来行政区划多有变革，诸葛八卦村曾隶属于昌葛区诸葛里、诸葛镇等。

新中国成立后，诸葛八卦村隶属于兰溪县永昌区诸葛乡。1950年，诸葛乡改为高隆乡，诸葛八卦村隶属于永昌区高隆乡。1953年，高隆乡改诸葛镇。后又经过几次区划调整，最终设立诸葛镇，诸葛八卦村隶属诸葛镇，一直延续至今。

[肆]宗族谱系

诸葛亮是三国时期杰出的政治家、军事家，作为智慧和忠义的楷模，为后世所尊崇。根据以前的文史资料，诸葛亮生于山东沂南，为避战乱迁居襄阳，后为兴复汉室鞠躬尽瘁，逝于五丈原，葬于陕西勉县。诸葛亮从山东到湖北，再到四川、陕西，足迹从未到过浙江，关于诸葛亮家族的记载也到第四世为止，所以其后裔今何在一直是一个谜。直到1992年，在成都召开的全国第六次诸葛亮学术研讨会上，诸葛八卦村诸葛亮的第四十九代孙诸葛方成和第五十代孙诸葛绍贤带去《诸葛氏宗谱》等资料，资料显示现今诸葛亮后裔主要聚居在浙江兰溪，从而解开了这个千古之谜。2006年，江苏丹阳发现了丹阳大泊《诸葛氏重修族谱》，与兰溪《诸葛氏宗谱》相补充印证，基本廓清了诸葛亮后裔繁衍迁徙的情况。

诸葛八卦村是国内最大的诸葛亮后裔聚居地，诸葛姓氏的村民达三千余人，从四十六代到五十五代均有，占本村人口的百分之八十以上，占散居全国各地诸葛姓氏的三分之一。值得关注的是，诸葛亮的后裔是如何迁徙万里入浙，又是如何在兰溪选址建村的呢？

一、入浙前的诸葛氏族谱系

现存的《诸葛氏宗谱》二十卷三十九本，是根据清光绪三十二年（1906）版于1947年重修的，当时的国民党要员陈果夫先生为之作序。宗谱中详细记载了诸葛氏家族的繁衍发展史，从诸葛亮之父诸葛珪开始,有历代儿孙的名字排行、配偶、生育、从事行业、死后葬地的记录,并附有各支脉的居地、村落、墓葬图表,为我们今天的研究提供了珍贵的资料。家谱始修于南宋初年,历宋、元、明、清,先后多次重修。最后一次重修时,卷首载有历代名臣学士为始修与重修所撰的序跋三十余篇,足见此谱真实可信。[1]

据《诸葛氏宗谱》,以诸葛亮为第一世,诸葛亮后裔入浙江之前历经十四代:

始祖,诸葛珪,字君贡,东汉末为泰山郡丞。生三子,诸葛瑾、诸葛亮、诸葛均。

第一世,诸葛亮。公元220—264年间,定居成都。生子诸葛瞻、诸葛怀。

第二世,诸葛瞻,字思远。生二子,诸葛尚、诸葛京。

第三世,诸葛京,字行宗。生二子,诸葛冲、诸葛显。

第四世,诸葛冲,字茂长,为晋廷尉。生一子,诸葛铨。

第五世,诸葛铨,晋零陵太守。生一子,诸葛规。

第六世,诸葛规,义阳太守。生一子,诸葛颖。

第七世,诸葛颖(534—612)。生一子,诸葛嘉会。诸葛颖迁徙江苏丹阳。

---

[1]徐国平、陈星:《诸葛村落经营始末及其历史文化内涵浅析》,《东南文化》,1996年第2期,第88页。

第八世，诸葛嘉会，于唐初（618）赐义民官。高隆《诸葛氏宗谱》载，诸葛嘉会生一子，诸葛神力。丹阳大泊《诸葛氏重修族谱》载，诸葛嘉会生二子，诸葛贞、诸葛神力。

第九世，诸葛神力，字林郎。生一子，诸葛纵。

第十世，诸葛纵，唐广德年间为当涂令。生一子，诸葛良。

第十一世，诸葛良。生一子，诸葛爽。

第十二世，诸葛爽。生一子，诸葛仲芳。

第十三世，诸葛仲芳。生二子，诸葛深、诸葛浰。

二、诸葛氏入浙及诸葛八卦村的诸葛后裔

五代后唐时期（923—936），为避兵灾，第十四世的诸葛深迁徙到福建，成为福建诸葛后裔的始祖；诸葛浰则迁徙到浙江，成为浙江诸葛后裔的始祖。

高隆《诸葛氏宗谱》载，诸葛浰曾任寿昌县令，生一子诸葛青。诸葛青是诸葛亮的第十五世孙，字显民，生六子，分别成为诸葛亮后裔的支脉。据《诸葛氏宗谱》记载，诸葛青于北宋明道二年（1033）由寿昌迁至衢、严、婺三州交界处的兰溪西乡岘山下定居，是迁入兰溪的诸葛后裔之始祖。诸葛氏在兰溪繁衍生息，渐趋壮大繁盛。

第十六世，即诸葛青的六个儿子承荫、承祐、承载、承奕、承咏、承遂。诸葛承载从岘山迁往南塘水阁。

第十七世，诸葛翊。生一子，诸葛安道。

丞相祠堂的诸葛淛像

第十八世，诸葛安道，字志宁。生一子，诸葛寿。

第十九世，诸葛寿，字昌龄。生一子，诸葛景谅。

第二十世，诸葛景谅，字继鸣。生三子，希仲、希颜、希孟。

第二十一世，诸葛希孟，配徐氏，无出，继兄子曾四为嗣。继配卢氏，生二子，曾五、曾六。

第二十二世，诸葛曾四。生二子，万九、万十二。诸葛曾五，生四子，万十、万十一、万十三、万十四。

第二十三世，万十、万十一、万十三、万十四。万十生二子，大昌、大升。

第二十四世，诸葛大升。生五子。

第二十五世，仍十九公，名梦漕。生四子，为上宅、萧宅始祖。

第二十六世，诸葛邵，仍十九公子。生一子，诸葛大狮。

第二十七世，诸葛大狮，字威公。生子祥三。

元代中期（1344—1354），诸葛亮第二十七世孙诸葛大狮携其子孙由葛塘移居高隆，开始实现他依据先祖八阵图营造八卦村的理想。所以，真正选址高隆岗、营建诸葛八卦村，始于诸葛大狮。

诸葛大狮精通风水之术，是位出色的堪舆学家。《诸葛氏宗谱》中记载了大狮选址营建高隆的整个过程。《宗谱·重建中庭记》说："祖大狮公堪天道，舆地理，视地面偏隅，规模卑狭，卜吉高隆上宅，聚施于斯。"《宗谱·宁五公迁居始末》记载："公讳大狮，字威公，行宁五。其先承载自岘峰迁葛塘，公其六世孙也。好义乐施，且精堪舆术，深慊故居之隘，谓不足裕后。因亲相宅址，始得田塘之南，未慊。及步至高隆，始忻然曰：此庶足称吾居也。时其地荒僻，惟王氏舍其旁，地亦其所有。即捐重价求之，垦平结构，携二孙瑞二公、瑞三公居焉。戒之曰：吾一生精力，尽在阴阳二宅，去后或有灾咎，慎勿疑。二孙唯唯受命。公殁，遂以其地葬焉。未几，瑞二公以运粮违限罪戍北，瑞三公以编鱼鳞图失格罪戍南，相继卒于卫所。目击者莫不指其地为大凶。王氏且避迁于今之王坞矣。安二公及弟三人确守先训，不以改图。及后资产渐饶，英彦辈出，由迁居得地，笃信贻谋之所致也。"

关于诸葛氏定居诸葛八卦村有这样的传说：当时诸葛亮的后裔辗转迁徙，至第二十七世孙诸葛大狮，他为了找到一处宜居之所，跋

丞相祠堂的诸葛大狮像

山涉水，遍访神州，迟迟找不到如意之地。一日诸葛大狮走累了，在一棵树下休息。恍惚间看到一人手持羽扇，头戴纶巾，这不是先祖诸葛亮吗？诸葛大狮起身作揖，诸葛亮微微一笑，用羽扇遥指远方说："此乃九宫八卦，钟灵毓秀之地也。"说完便不见了。诸葛大狮猛然惊醒，原来是一场梦。他仔细回味梦中那句话，顺着梦中人所指方向寻找，终于在浙江兰溪找到一处叫作高隆岗的地方，地形独特，地貌罕见。诸葛大狮精通阴阳堪舆之学，深明建筑原理，在重金购得高隆岗后，他亲自规划，披荆斩棘，平垦丘洼，按照先祖诸葛亮八阵图的形制营造房舍。自此，诸葛氏后裔便在这块迷离奇特的宝地定居下来。[1]诸葛族人迁居高隆后，人丁兴旺，世代躬耕于此。到明代后期，诸葛八卦村经几代营建，已经成为一个人口众多、建筑独特的大村落。明代末年，诸葛八卦村有了集市，诸葛氏成为兰溪望族，诸葛后裔为感念先祖，遂改高隆岗为诸葛八卦村。此后子孙繁衍昌盛，村落规模不断扩大，但其格局基本保持稳定。

据诸葛亮的第五十世孙、《诸葛村志》编撰者之一诸葛议介绍，诸葛亮的后裔到浙江后分成了大六支[2]：

诸葛浰的儿子诸葛青有六个儿子，这六个儿子成为浙江诸葛亮后

---

[1]锦绣新华《建筑艺术》栏目组：《北京规划建设》，2005年第1期，第70页。

[2]刘文生，严俊杰，董凡：《诸葛亮后裔如何来到浙江》，《襄阳日报》，2010年4月18日。

裔大六支的源头。除一个儿子入赘当地王姓家族外,其他五个儿子都随着诸葛青住在兰溪的岘山(后称为砚山)脚下。

诸葛青长子诸葛承荫传至诸葛益时,迁至寿昌泉麓定居;次子诸葛承佑的五世孙诸葛林,迁居寿昌西乡八都石鼓之金鸡岭背;四子诸葛承奕之子诸葛志庆,由泉山下迁居浙江龙游华龙村;五子诸葛承咏居岘山下,历六世而无考;三子诸葛承载迁南塘水阁,历十一世至诸葛大狮,始居高隆,即今诸葛八卦村。

据诸葛议介绍,诸葛亮后裔在浙江的分布情况大致是:兰溪诸葛八卦村最多,其余则在建德、富阳、龙游、金华婺城区等地。而诸葛亮后裔的大六支,目前有宗谱可考的尚存四支。

根据各种文献整合,比较清晰的诸葛氏入浙之路可以从以下几个关节点把握:第一,诸葛亮第十三世孙诸葛仲芳曾任河南节度使,受到中原战乱影响,其子诸葛浰于五代后唐时期到浙江寿昌县任县令,并卒于此;第二,诸葛浰之子诸葛青于北宋明道二年(1033)由寿昌迁徙到兰溪岘山脚下,育有六子,这六个房派成为浙江省内诸葛氏的六大支系;第三,诸葛青的第三个儿子诸葛承载带领全族人迁至南塘水阁,历经六世,至诸葛梦漕;第四,诸葛梦漕于南宋理宗年间由南塘水阁迁至葛塘;第五,诸葛梦漕之孙、精通堪舆之术的诸葛大狮在考察葛塘地形后发现该地狭窄,不宜兴族旺姓,遂勘察选址,最终由葛塘迁至高隆岗,即今天的诸葛八卦村。

丞相祠堂的诸葛承载像

丞相祠堂的诸葛梦渭像

诸葛村民居建筑的格局样式

诸葛八卦村民居与环境融为一体，建筑多依山坡地势而造，基本形制为三间两搭厢及对合式住宅，其设计理念为封闭式院落，坐落前低后高，以堂屋为中心，注重实用，兼顾美观，祠堂、庙宇等建筑更显宏大而华丽。

诸葛村民居建筑的格局样式

　　诸葛村作为"中国古民居的富金矿"，其建筑布局合理，保存完好，形制多样，是祖先留给我们的宝贵文化遗产。1947年修订重编的《高隆诸葛氏宗谱》载："清代康、雍、乾三朝，村内精致的大厦有二百多座，两进、三进、五进的厅堂共有十八处。"太平天国时期村子遭受到很大破坏，后恢复，保存到现在的传统民居仍有二百多座。[1]探究这些民居建筑的结构样式、设计理念、营造口诀等，对于古建筑的保护和继承及其文化的传播有着重要的意义和价值。

　　诸葛八卦村的住宅区与环境融为一体，草木繁盛，池水微漾，白墙黛瓦，层次分明，自然而富有生命力。诸葛八卦村人多地少，建筑用地多依山坡地势建造，其街巷曲折狭窄，宽的有三至四米，窄的不到一点五米。传统的民居建筑一般为二层楼，新建民居以三、四层为多，朝向以西、西南、东、东北为多。住宅的门头采用苏式砖雕为主，在白墙背景下愈显突出，富于艺术美感。与皖南和晋中的建

---

[1]诸葛村现有属于保护范围的古建筑共249幢，其中古民居220多幢，将近600户人家、2000多人住在里面。李彩标：《浅谈诸葛村民居的保护与利用》，《南方建筑》，1999年第1期，第51页。

钟池与民居

诸葛村民居建筑

小巷

高墙

筑相似，诸葛八卦村的民居也是极其封闭的。这种封闭以高高的院墙、围合的院落、细小的窗洞、厚重的院门为特征，院里院外两个世界，墙外墙内泾渭分明。行走在阴暗潮湿的街巷中，高耸的院墙和狭窄的胡同造成了一种压抑感，院门内部完全是一个封闭的世界。这种格局一方面有利于防盗，保障宅主的财产安全，另一方面强化了宅内的隐蔽性和私密性。

[壹]基本形制[1]

　　诸葛村古民居包括正屋、两厢、天井等核心部分，以及厨房、柴房、后院、花园等附属部分。住宅的形制在这里指的是核心部分的格

[1]参见陈志华、李秋香：《诸葛村》，清华大学出版社，2010年。

局。诸葛八卦村民居建筑有多种构造形制，数百年来，诸葛氏后裔依据财力、人口以及地形营建出不同类式的建筑。

诸葛八卦村最基本的住宅形制是三间两搭厢及对合式住宅。

一、三间两搭厢住宅

三间两搭厢型的建筑是小型住宅，是诸葛八卦村最普遍、最基本的建筑形制。其布局为正屋三间，两厢各一间，中间为天井，多为两层。开间面阔3.5—4.5米，进深九檩，大约5.2—6.5米。天井大致和堂屋同宽，堂屋和檐廊的空间与天井融合，显得较为宽松。堂屋和廊下铺设方砖，堂屋的后金柱之间设太师壁，壁上挂堂号的匾。从平面尺寸看，房屋明间后檐的开间尺寸要大于前檐，三开间的厅

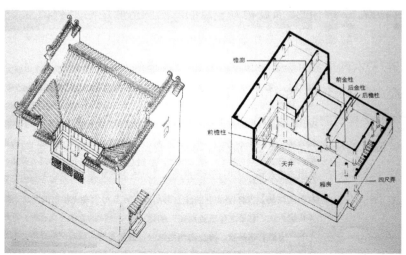

三间两搭厢住宅形制（原图载于陈志华、李秋香《诸葛村》）

堂，后檐只比前檐宽4—5厘米。风水学说认为，前狭后宽的宅子主富贵平安、旺子孙，反之则使宅子四时不安，资财尽破。卧室位于正屋的次间，进深大，但采光差，前壁中央面向"四尺弄"[1]开一个双扇的槛窗。正屋和两厢有楼层，但以仓储为主，并不住人。上二楼的楼梯设在正屋太师壁后，或者是次间之外加一个一米多宽的楼梯弄。楼上前檐往往有"坐窗"[2]，有的在窗台板外檐装板壁和隔扇窗，有的仍在内檐装板壁和窗，但在外檐装栏杆，有一定的装饰性。挑出的窗台板依靠下面檐柱上的牛腿支撑。天井很狭窄，大约只有3—4米宽，1.5—2米进深。从外面看，宅居四面是砖墙，正面两端为高起的马头墙，是两厢的前山墙。侧面后部有两级马头墙，是正屋的山墙。

诸葛八卦村里质量稍好一点的三间两搭厢住宅，偶有"金鼓架"。金鼓架是贴在天井前墙内侧的一副进深很小的三开间木构架，只有两根檐柱，尽间的梁和枋的外端搭到左右厢房的檐柱上，连成一体。金鼓架的作用是支撑天井前的那片墙，增强其稳定性，同时又具有防盗和装饰作用。下塘路的友余堂在金鼓架的柱子中腰架很宽的枋子，上刻画三国故事，每间一幅，极为生动。没有金鼓架的，一般在墙上部做大面积的透空漏窗，以减轻墙体重量，增加其稳定性，同时兼具采光和通风的作用。按风水学说，金鼓架的披檐

---

[1]指檐廊在正房次间和厢房山墙之间的部位。

[2]窗台板向外挑出四五十厘米。

墙体上的透空漏窗

向天井排水，造成天井"四水归堂"的格局，此格局可聚气，宅主会
发财。三间两搭厢的住宅，凡是有金鼓架的，其宅门一般开在正面，
门上披檐雨罩的枋子伸进墙来由金鼓架支撑并稳定；没有金鼓架
的，大多在厢房开宅门，或在正面，或在侧面，披檐雨罩的枋子伸进
墙来固定在厢房的木结构上。

　　由于三间两搭厢是小型住宅，房间少，空间有限，故厢房一般不
敞开，在一侧厢房开宅门，另一侧作为卧室或书房。

　　三间两搭厢还有一种变体，即把二层存放杂物的楼层正房改
造成三开间的大厅，加大层高，而且梁架装饰精美。楼上厅前檐位

于高处，遮挡少，很明亮。为了给楼上厅防寒，往往在屋面椽上瓦下铺一层望砖，地板用双层木板，楼上厅缘外墙也装吸壁樘板，以利于保暖，亦使其整洁美观。楼上厅的作用主要是接待宾客，楼梯设在厢房外侧，宾客直接上楼，不会干扰内眷。如信堂路83号诸葛高嵩宅，其楼梯在次间后面。

二、对合式住宅

对合式住宅，其形制类似两个三间两搭厢对面相接。其正屋称上房，天井前倒座三间，称为下房，房屋布局呈密闭的"口"字形。两厢连接前后屋，一般只有一间。这间厢房通常不装修，完全敞开。对合式住宅的宅门一般开在下房正中，这样下房明间就变成了门厅。为

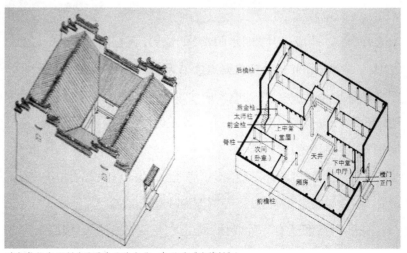

对合式住宅形制（原图载于陈志华、李秋香《诸葛村》）

了区分内外、避免一进门就看见上房堂屋,下房的门厅被四扇槛门横向隔断成前后两间,平时开靠边的一扇,有重要仪式时开中央两扇,以至四扇全开。风水学说认为门厅开间要小于上房堂屋,这样的格局是门厅有槛门,上房有太师壁,二者平面构成一个"昌"字,有利于家业发达。

鉴于对风水的要求,有些对合式建筑宅门设在厢房,厢房成为门厅。这样的住宅就有了两个堂屋,上房堂屋叫上中堂,下房堂屋叫下中堂。

对合式住宅的二楼仍然作为储藏之用,楼梯设在太师壁之后,或在专门设置的楼梯弄。其变体即对合加楼上厅,以正屋楼上为大厅,也用作客厅。二楼外檐装修比一般对合式住宅华丽,坐窗下的牛腿装饰也更复杂。

诸葛八卦村也有五开间的对合式住宅,如义泰巷3号、旧市路49号、竹花坞4号。这些住宅属于特例。

三、前厅后堂楼

与对合式住宅相较,这种形制的住宅更为讲究,其基本格局是前进为落地大厅,单层结构,后进为三间两搭厢,有楼。单层大厅因落地而显得宽大敞亮,但是这一建筑形式房间并不多,需要在此基础上添加新的建筑。如信堂路72号,左右各有一个三间两搭厢的侧院;竹花坞6号,最前面做一进倒座,共三进。三进房子的屋脊一个比一个高, 寓意"连升三级"。

四、三进两明堂

这是诸葛八卦村中现存住宅最大的一类, 大约只有五六座, 雍睦堂前的"五世同堂"和新开路51号两幢民宅保存最完整。三进两明堂的住宅往往是一个对合式住宅接一个三间两搭厢, 如樟坞路7号, 靠边有一条夹弄连接前后, 便于儿孙将来分家。考虑到儿孙分家的住宅还有三间两搭厢的串联, 如雍睦路28号。

此外, 村里的住宅还有许多变体, 不符合常规的形制。如义泰巷3号(天一堂诸葛源生家老屋), 两个大厅形成对合, 侧面又是一个五开间的堂楼对合, 二者并列, 各有大门出入。

[贰]设计理念

住宅建筑是人的"第二层衣服", 是服务于人的日常生活的生存空间。通过建筑的营造, 我们可见人的情感、理念、意志在其中的投射, 也反映出当时的社会习俗、制度规范、文化取向。民居建筑在此已经跃升为文化造物, 而不仅仅是遮阳避寒的实用空间。

诸葛八卦村以九宫八卦格局营建, 将风水理论融于建筑之中, 本身就体现出诸葛氏先人的智慧。诸葛老村所有建筑所遵循的宏观要求就是不突破八卦格局, 即《诸葛氏宗谱》所讲的"确守先训, 不以改图"。而在民居建筑的具体设计建造上, 亦是遵循着一些或隐或显的理念和诉求。

第一，住宅坐落上要求前低后高，窄巷中的民居建筑大门不能相对而开。宅居坐落前低后高，这符合风水上的吉宅布局——从前往后步步升高。《阳宅十书·论宅外形》："前高后低，必败门户；后高前低，居之大吉。"全村的民居几乎没有一例是违背这一原则的。又由于土地紧张，诸葛八卦村民居建筑密度较大，各家宅居之间间距较小。在窄巷中的民居建筑，两户人家往往"门不当，户不对"，门口无一相对而开，都是错着开，以规避不必要的矛盾，处理好邻里关系。另外，诸葛八卦村民居多为四合院式建筑，四面封闭，中间是天井，房屋的前檐比后檐高，每逢下雨，几乎所有的雨水都聚集在自家院内，这就叫"肥水不外流"。

第二，如果住宅和街巷之间的落差很大，进宅的台阶必须设在宅门之内，不允许占用公共街巷。这样的原则往往是约定俗成的，如果违反，公共街巷必然被堵死，影响村民的出行，这在宗族内部也是不允许的。房基比街巷高时，一般会在住宅内设一个大门厅，在门厅里造十级左右的台阶。如信堂路60号，门厅里的七级大台阶与住宅的轴线平行，二者并列。另一种处理高度落差的方式是在门前自家的地段里设置台阶。如长寿路7号，台阶在院门的门斗里，有十级。住宅内部的前后高度差要靠各进房屋前檐下的台阶来衔接。如信堂路21号，门外向大街有两级台阶，进门后还需上七级台阶。又如信堂路83号，后进比前进高四级台阶。如果房基地形变化过大，则把高度

信堂路21号的门内台阶

信堂路83号通往后进的台阶

差放在附属房与核心部分之间。如雍睦路28—29号在一个陡坡下，其厨房等附属用房在左侧陡坡上，二者地坪落差略多于半层，有楼梯通向厨房。

第三，住宅之中以堂屋为重。堂屋也称明间、客堂，位于住宅正屋居中的一间，主要用于家庭起居和会客。堂屋的杠几上常设神龛和祖先牌位，是举行家庭祭祀和重大仪式的地方，因此地位非常重要。宋人编《事物纪原》载："堂，当也，当正阳之屋；堂，明也，言明礼仪之所。"作为宗法制度的象征，堂屋成为家庭最重要的场所。堂屋大小也是区分等级的重要标志，《礼记·礼器第十》载："天子之堂九尺，诸侯七尺，大夫五尺，士三尺。"在民间，兄弟分家，一定要有了新的堂屋才算独立成家。诸葛八卦村的宅居大部分采用三间两搭厢结构，以堂屋为中心，两边各有一间卧室，再辅以厢房各一间，前面形成天井。

第四，住宅营建以血缘关系聚集，形成团块结构。古代村落中的家族大都以血缘关系聚集，围绕本族的祠堂或祖宅营建新居，年代愈久，规模愈大。诸葛八卦村的民居建筑亦基本符合这一原则。诸葛村的家族体系至今比较完整，族人的家族观念依然很浓厚，具有强烈的家族归属感和向心力。特别是随着祭祖仪式的恢复，每年一小祭，三年一大祭，更能够深化族人的家族意识。《阳宅十书·论宅内形》："十家八家同一聚，同出同门同一处。"这种集团式的聚居有利于宗族的管理和资源的分配,有利于族人的团结和交往。诸葛氏入浙已近千年,在高隆建村传宗也有六七百年历史,尽管村落规模不断扩大,但以血缘为纽带、聚族而居的形态并未改变。前面已经讲过,诸葛八卦村孟、仲、季三分均以团块式结构分布,并且有着不同的身份背景。

第五,住宅院落是封闭式的,注重内外空间的分割。中国传统的民居建筑在设计上对外是封闭的,对内是开阔的。其通风、采光都是通过庭院空间完成的,主要的家庭活动也大都在庭院中进行,庭院内部就是一个自足的小世界。诸葛八卦村的民居建筑,其住宅院落也是封闭式的,四周是高高的院墙,有的楼上开有小小的窗洞用于采光、通风,除此之外只有大门可以出入,沟通内外空间。高墙深宅,密集的建筑布局,让原本狭窄的巷道显得更具有压迫感,也愈加衬托出院落内部空间的神秘。这种封闭式院落折射出传统农耕社会中人们对家的观念,家作为社会和国家的细胞,讲求内敛、含蓄,在这小小的空间内体现秩序、尊卑和等级,是中国传统宗法思想和哲学理念的表达,与西方的建筑形成鲜明的对比。

第六,和大多数中国木结构建筑一样,诸葛八卦村住宅建筑主要以柱子为承重结构,以榫卯进行拼接。丞相祠堂、大公堂等重要的祭祀建筑的柱子较为粗大,而一般的民居建筑柱子相对较细。这种建筑方式不仅可以使房屋便于拆装,而且可以调整内力,抵抗外

诸葛村民居

力，增加建筑的牢固性。当然，木构建筑在防潮、防虫、防火等方面
处于不利地位。由于柱子的支撑，木构建筑的墙体本身不作为承重
结构，只是用于分隔空间，即俗话所说的"墙倒而屋不塌"，所以有
灵活的应用方式。

第七，实用为主，兼顾审美。春秋战国时期的墨子在谈及宫室
建筑时指出："宫高足以避润湿，旁足以圉风寒，上足以待霜雪雨
露，宫墙之高足以别男女之礼。"在墨子看来，建筑的主要功能是为
了抵御潮湿、风寒、霜雪雨露，是为了有别男女，完全强调其实用功
能。作为民居建筑亦然，其主要功能是满足人的日常生活起居之需，

因此建筑的采光、通风、防火、防盗等功能性要求是第一位的。在此基础之上，人们又对建筑的艺术性和装饰性提出了更高的要求。不同形式的艺术因子融入建筑之后，原本朴实的功能性宅居变得更具有审美价值和文化内涵。梁思成先生曾讲过："建筑虽然是一门技术科学，但它又不仅仅是单纯的技术科学，而往往又是带有或多或少（有时极度高的）艺术性的综合体。"诸葛八卦村民居建筑主要采用木雕、砖雕和石雕来装饰，月梁、檩条、大门、腰门、柱础等部位都成为装饰的重点。吉祥图案、文字、戏曲故事、人物、动物、博古等内容常见于建筑之上，不仅增加了建筑的艺术审美价值，也体现出居民乐观向善、向往美好生活的精神诉求。

[叁]民居建筑的延伸

民居是人类最基本的居住形式和建筑形态。原始人的窝棚和地穴可谓是人类建造的、有别于自然洞穴的最早"民居"。进入阶级社会后，民居的样式、形态日渐丰富，民居也不再仅仅为"居住"而存在，而分化出不同的、带有象征意义的建筑形式。比如祠堂、庙宇、手工业建筑、商业建筑、文教建筑等，都是从民居中延伸而来的活动空间。而且，在建筑的形式、规模、装饰方面，这类非民居建筑由于集中了集体的智慧和资本而更显华丽和宏大。

诸葛村的非民居建筑主要是祠堂、商业手工业建筑、庙宇和文教建筑。其中最有特色的是丞相祠堂和大公堂以及各个诸葛后裔分

寿春堂木雕

诸葛村民居砖雕

丞相祠堂石雕

支房派所建的小宗祠。据《高隆诸葛氏宗谱》中的《高隆族居图》，当时的诸葛八卦村有大小四五十座宗祠，其中十四座宗祠厅堂立有功名旗杆。

一、宗祠

1. 丞相祠堂

丞相祠堂是高隆诸葛氏的总祠，坐落于村子东南角，旧时这里供奉诸葛亮的神位，安放着自诸葛梦漕公以下高隆诸葛氏列祖列宗的神主。在风水上，丞相祠堂背靠经堂后山，以它为镇山；朝北偏东40度，面对两座山峰，其一叫擂鼓山，以它为案山。祠堂前面有一口水塘，叫作"聚禄塘"，建于明代万历年间。

　　丞相祠堂始建于明永乐年间（1403—1424），由高隆诸葛氏始迁祖诸葛大狮的曾孙诸葛伯融（安三公）修建。后历次扩建，几度兴衰，成为今天的规模。祠堂宽42米，深45米，占地面积达1900平方米。祠堂的主体建筑依山而建，逐层升高。在建筑的中轴线上分布着门厅、中庭、寝室；两侧有庑屋、厢房、钟鼓楼，形成一个中庭独立、四周闭合的"回"字形。门厅前有小院落，院落两侧有边门，都建有单间小门厅。正屋外侧南北两边另加附房各三间。

　　丞相祠堂正门厅前有前院，进深3米，通宽22米，占地面积66平方米，地面用错缝条形石板铺设。二叠马头墙，双坡硬山顶，阴阳合

丞相祠堂

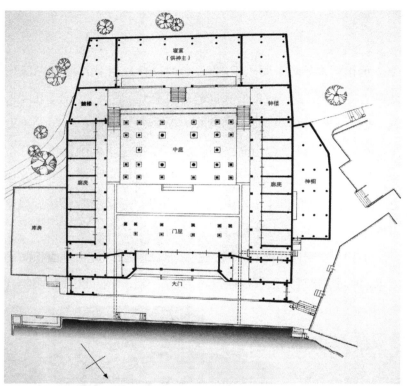

丞相祠堂平面图（原图载于陈志华、李秋香《诸葛村》）

瓦。梁架为三个落地柱五檩穿斗式，圆形立柱，鼓形柱础。前院与外界以围墙隔断，围墙高约2.3米，小青瓦压顶。院内正门前方两侧有方形须弥座旗杆石。

门屋五开间，通面宽17米，通进深约8米。歇山顶，花砖脊，正脊上有磨砖刻"隆中云礽"四个大字，两端有鸱吻，中间有葫芦状宝瓶。屋面阴阳合瓦，檐口饰勾头滴水。

前后檐柱为方形石柱，立在方形柱础上。柱边长约0.3米，高约

丞相祠堂门屋

丞相祠堂门屋檐角

门厅檐柱下的牛腿雕刻

丞相祠堂左梢磨砖影壁

5.2米。门厅中央三间为正门，梁架为四柱十檩，梁下为扇形雀替，前后檐均用人物牛腿支撑。檐口有方形飞椽，用封檐板，饰勾头滴水。门厅金柱为木圆柱，直径约0.4米，柱础为石质鼓形。前金柱间设板门，每间4扇，外侧设抱鼓石。左右梢间有精致的磨砖影壁，二者对应呈八字形，檐口下有暗八仙砖雕。门厅两侧是厢房，单间，面宽3.5米，深5.2米。硬山顶，阴阳合瓦。屋架为三柱五檩，穿斗式，圆形木质柱，石质鼓形柱础。

中庭是丞相祠堂浓墨重彩的地方，这里空间宏大，装饰华丽，艺术价值极高。中庭与四面房屋不连属，面宽五开间（16.6米），进深三开间（9.3米），台基高0.9米，前沿正中设三级踏步。歇山顶，阴

丞相祠堂中庭

阳合瓦，有望砖。四周有飞椽，檐口饰勾头滴水。中庭的檐柱和山柱为方形石柱，边长约0.33米，其他立柱为木质圆柱。檐柱高约5.6米，金柱高约6.6米，脊檩高约8.9米。中央四根金柱直径约0.5米，分别采用柏树、梓树、桐树、椿树四种木材制成，寓意"百子同春"。中庭明间的梁架结构为四柱十檩，梁架形制宏大，雕饰丰富。大梁上刻浅浮雕图案，蜀柱左右有猫梁，柱头上有牛腿，梁端下有梁托。特别是两个中榀梁架的脊瓜柱两侧有三角形花板，构思巧妙，刻工精致，雕饰两只狮子，鬃毛卷曲，活灵活现。中庭的前后

丞相祠堂中榀梁架雕饰

丞相祠堂中庭檐柱及牛腿

丞相祠堂中庭檐柱上的牛腿

檐柱均饰人物镂雕牛腿，牛腿上有软挑头，软挑头上有五彩斗拱。中庭明间后檐柱间有额枋，上悬"名垂宇宙"匾额一块，明间脊檩下浮雕"双龙戏珠"，上下金檩中间浮雕太极图，檩两端饰虎面雕刻。

中庭次间的梁架为五柱十檩，有落地中柱。金柱与中柱间设双步梁，梁断面为矩形，梁身饰卷草纹，梁下用扇形梁托，梁背置荷花形驼峰；双步梁下设两道穿枋，中柱顶设一斗拱，承托脊檩。两次间檐柱间的额枋上分别悬有"忠贯云霄"和"伯仲伊吕"匾额。

丞相祠堂后进寝室为七间带二廊。同样为硬山顶，阴阳合瓦。前檐有飞椽，椽口饰勾头滴水。寝室通面宽30.5米，进深8.6米。寝

丞相祠堂"名垂宇宙"匾

丞相祠堂"忠贯云霄"匾

丞相祠堂"伯仲伊吕"匾

丞相祠堂后进前檐的牛腿

室的台基为红砂岩砌筑，高1.8米，正中设垂带踏步十级，两边垂带上有青石护栏，栏板高0.4米，望柱高0.8米。寝室前檐用雕饰精美的牛腿支撑。次、梢间前檐靠台基有木质宫式护栏，高约1米。寝室中央供奉诸葛亮塑像，两旁为张苞和关兴。寝室西侧供诸

丞相祠堂诸葛亮像

丞相祠堂钟楼房

丞相祠堂鼓楼房

丞相祠堂庑屋

葛瞻，东侧供武侯公长孙诸葛尚。

中庭与寝室之间有庭院，院长22.6米，宽3.8米，台基高2.3米，两侧有台阶上下，共14级。庭院前及台阶两侧有青石栏板，板高0.5米，上有浮雕卷草、动物、祥云等图案，望柱高0.8米，柱头有束莲。庭院左右分别为钟楼和鼓楼。

中庭两侧为庑屋，各7间，每间宽3米，进深5.2米。庑屋结构为三柱五檩，前檐柱为方形石柱。每间庑屋内设有神龛，供奉祖宗神主牌。

丞相祠堂是诸葛村全村诸葛后裔的总祠堂，每年冬至节举行祭祖仪式，称为"祭冬"。这是诸葛村最为隆重和最高层次的仪式。

2. 大公堂

大公堂处于诸葛村的内层中心点，钟池的西北角，坐北朝南偏40度。纵轴线前对案山经堂后山，后对祖山天池山，以钟池为小明堂。三面被岗阜包围，只有东面是一个缺口，口外偏南就是丞相祠堂和聚禄塘。这一格局和整个诸葛村的风水大格局是一致的。

大公堂是诸葛亮的纪念堂，里面奉祀着诸葛亮的神主和画像，并举行诸葛亮的春秋二祭。大公堂不是宗祠，但起着和宗祠相似的作用，可以唤起归属感，凝聚宗族的力量。大公堂总面宽11.1米，总进深49.5米，总占地面积约550平方米。

大公堂共四进，都是三开间。进入大公堂之前必须先经过一座单独的头门,位于大公堂前院的东南角,朝向正南,木结构,宽3.2米。它和前院一起形成了大公堂的前导,丰富了大公堂的空间层次。

从头门进去便是大公堂的正门,非常华丽突出。三间牌楼式,檐下用斗拱。中央歇山式屋顶的正脊高约10米,四个翼角高高翘起,几乎与屋脊齐平。整个造型生动潇洒,错落有致,给建筑增添了生机和活力,也打破了祭祀建筑的肃穆凝重感。门楼的木构件采用红色漆,中央上下两个额枋间补白色木板,黑漆写"敕旌尚义之门"六字。这六字的来历在《高隆诸葛氏宗谱》中有明确记载,原五公诸

大公堂门头

大公堂正门

葛彦祥曾捐谷赈灾，明英宗于正统四年（1439）降旨旌表："国家施仁，养民为首，尔能出谷一千一百二十一石，用助赈济，有司以闻，朕用嘉之。今遣人敕谕尔，劳以羊酒，旌为义民。仍免杂泛差役三年，尚允蹈忠厚，表励乡俗，用副褒嘉之意。钦哉。"六字横匾上方居中还有书写"圣旨"两字的牌匾一块。牌楼门正面两侧次间的廊内金柱间作粉壁，上书黑色"忠"、"武"二字，分外显眼，这是因为南宋绍兴九年（1139）朝廷曾谥诸葛亮为"忠武侯"。正门两侧有一对石鼓，门前一对夹杆石，作竖立功名桅杆之用。

大公堂圣旨牌匾

　　从门屋穿过，后面是中厅和正厅，梁架边榀为穿斗式，中榀为抬梁式，全部露明，极为壮观。中厅的檐柱高5.1米，金柱高5.1米；正厅的檐柱高4.9米，金柱高5.5米，内部空间高大宽敞。凡是水平的梁都做成月梁，肥厚柔和，两端有圆润的虾须反卷，为月梁增添了几分生动。金柱和檐柱之间的梁称为双步梁，前后金柱之间必用五架梁，它和双步梁的上面，每步都有一个斜向的联系构件，整体做成环状，雕出头尾，称作猫梁。猫梁斜向抵着中间的瓜柱，瓜柱上有大斗托檩头，所以这种做法叫作"猫捧斗"。猫梁并不起主要的结构作用，与梁枋的粗硕相比，装饰效果明显。中厅中央的四根前后金柱也是用柏、梓、桐、椿四种树木做成，谐音"百子同春"，表达诸葛后

大公堂前的夹杆石

大公堂前的旗杆

大公堂内的梁架

大公堂内的梁架

大公堂内的柱子

大公堂内的月梁

裔祈求宗族世代繁衍的美好愿望。正厅内太师壁上白底黑字书写诸葛亮的《诫子书》，左右次间内后墙上书写有诸葛亮的前、后《出师表》。中厅、正厅和两廊没有门窗装修，全部面向天井敞开。

正厅过后是方形的拜厅和寝室。拜厅约5.2米见方，四面敞开，左右各有一个小天井，天井内有水池。寝室供奉诸葛亮神主和画像，进深7.6米。寝室的左右两侧分别是厨房和账房，各三间。

大公堂每年有两场大祭，即农历四月十四的春祭和农历八月二十八日的秋祭，春祭重于秋祭。除了祭祀诸葛亮外，大公堂每三年办两次"清净道场"，时间在冬至日，每次三昼夜或七昼夜，是为了超度游荡的孤魂野鬼，希望他们不要为害人间。在大公堂举办的公共活动比较多，是诸葛八卦村重要的集体空间。

3. 崇行堂

崇行堂是诸葛村孟分祖富十宗盛公派的宗祠，又称行堂厅，位于诸葛村东大道北侧，坐东北朝向西南。

崇行堂的总体建筑结构为三开间三进，明间宽约5米，次间宽约4.5米。边榀穿斗式，中榀抬梁式，有月梁，柱子较细，立于石质柱础上。崇行堂的门厅正立面为牌楼式，在白色粉壁上做磨砖的仿木结构牌楼，三开间。这是为了纪念诸葛村第一位进士诸葛琪而改建的。门楼层叠而上分四层，呈金字塔形。门楼有斗拱，饰瓦当滴水，

崇行堂"乡会两魁"门楼

崇行堂门楼细部

崇行堂内部

瓦当上有柿蒂纹。镂空花脊,脊端有砖雕鸱吻。崇行堂明间两道枋子间镶嵌"乡会两魁"四字。枋子上雕饰狮子绣球等图案。门楼顶端正中,枋子上方有砖雕"恩荣"牌匾,牌匾上端雕有凤凰,下端雕有麒麟,两侧为高浮雕吉祥图案。崇行堂两边两个夹弄口都有匾额,分别为"东林"、"西园"。

4. 雍睦堂

雍睦堂是诸葛村仲分祖富二十七宗良公派的宗祠,位于果合山南坡,坐北朝南。雍睦堂共三进,门面为苏式砖雕牌楼,三开间,雕饰精美,其装饰图案有缠枝花卉、鲤鱼、翔龙、凤凰、仙鹤、鹿、蝙蝠、松树、桥梁、牌坊、回纹、寿字纹、万字纹等,内容非常丰富。

中央部分突出于两侧檐口之上，呈三楼式，高约10米。檐下有方砖小斗拱，枋上刻几何纹和动物图案。上方的匾额刻有"进士"二字。"进士"匾额两边各有两个垂柱，上浮雕花卉纹，匾额上下的枋上亦刻有丰富的吉祥纹样。"进士"匾上方还有一匾额，红底金字，上书"钦褒盛世休征"。最顶端花脊中央有宝葫芦瓶一只，上插三支方天画戟，寓意"平升三级"。

雍睦堂于明代正德年间建成后，命运随着历史的演进起起伏伏，经多次整修，现被辟为诸葛氏耕读文化蜡像馆，内塑四组蜡像。重修后的前进，中楮为四柱七檩，月梁，边楮五柱落地；中进为四柱十一檩，方梁，边楮五柱落地。

除了上面所述的祠堂外，诸葛村的祠堂还有崇信堂、崇德堂、崇忠堂、尚礼堂、春晖堂、行原堂、大经堂、三荣堂、始基堂、滋树

雍睦堂

雍睦堂内部

雍睦堂门楼

门楼细部

雍睦堂"钦褒盛世休征"牌匾

雍睦堂门楼顶端

堂、明德堂、文与堂、致和堂等多座厅堂。它们分属于诸葛村不同的房派，有着不同的营建历史。它们的命运也是几经风雨，有的早已倒塌，仅存断壁残垣，有的仅存部分建筑，有的被重修复建。

二、商业建筑

明清以来，随着商品经济的发展，诸葛村的商业很快发展起来，高隆市（今旧市街）成为当时的商业中心。太平天国时期，高隆市被毁，商业中心逐渐向上塘区域转移。晚清至民国时期，上塘区域商业发展进入了鼎盛期，也促成了大量商业建筑的兴建。商业建筑的样式主要有排门式、石库门式和水阁楼三大类。

1. 排门式

排门式店铺为木结构，一进一开间门脸居多，宽度3.3—3.8米，进深6—7米，多为两层，楼上供居住、储藏，下层营业。条件好的大店有三开间、两三进。多间相连的店铺中榀用抬梁式，方便内层空间的使用。店内梁柱材料不大，多采用穿斗式屋架。门脸为排门，每块门板高2.2—2.6米，宽25—30厘米，厚度约5厘米。门板卸下后，店铺面向街道敞开。

排门店铺的二层略向前挑出底层，木板墙，开有窗子，或实板推拉式，或格扇式。窗的下槛常见有装饰性的花格栏杆。上下层楼结构上的牛腿和骑门梁都刻有与商业性质相匹配的雕刻。

排门式店铺

排门式店铺的牛腿

排门式店铺内部

排门式店铺

2. 石库门式

石库门式店铺其实就是住宅，两三进，临街一进多是三间两搭厢的对外营业部分，后进为作坊或住宅。少数一进的，宅、坊不分，比较简陋。店铺四周砌筑砖墙，只有一个大门供顾客购物，门外少有装饰，少数在门头上有磨砖线脚。

上塘街40号店铺

　　形成这种店铺样式的原因有二：一是这些店铺本来就是住宅，后来改为店铺；二是为了防盗和经营特殊行业，如当铺。

　　3. 水阁楼式

　　水阁楼式店面不同于前两种，它是建在靠岸的水面上的。上塘的水阁楼建于太平天国战乱之后，下塘的水阁楼建于民国二十八年（1939）。全部采用木结构，开间3米左右，进深5—6米，非常简陋。上下两层，底层营业，上层低矮，用于储藏或居住。临水有挑台，以

水阁楼店铺

供洗涤及取水之用。

水阁楼建筑最初是诸葛村清贫的农民所建，建好后出租给外地人。结构采用草架，没有装饰，不着色彩，非常朴素。

随着诸葛村的发展，现代的商业建筑逐渐兴建，单层或多层的砖木混合结构房屋成为新式的商业建筑。

除了礼制建筑、商业建筑外，诸葛村原有的建筑还有庙宇、牌坊、文昌阁、水碓、桥梁等不同类型，可惜它们在20世纪50至70年代的社会变动中被毁弃了。比如，以前的诸葛村庙宇就有五座，即关帝庙、徐偃王庙、隆封禅院、幽居庵和翠峰禅寺。

水阁楼店铺背面

诸葛村民居建筑的营造技艺

诸葛村民居建筑是中国传统木构架建筑的重要组成部分，其营造是一个系统工程体系，牵涉众多工匠，程式化特征明显，制作技艺复杂，主要包括基础处理与地面铺设、制作木构架、砌墙、架屋顶及装修装饰五部分。

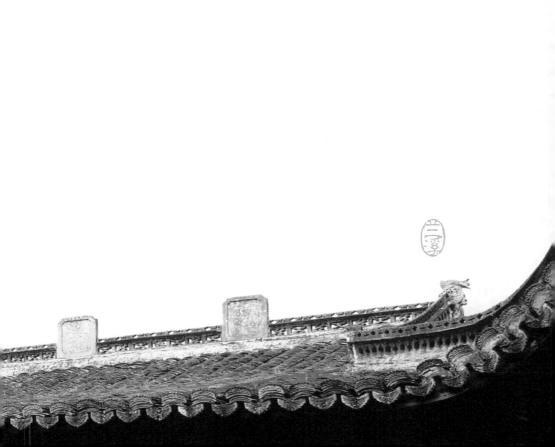

诸葛村民居建筑的营造技艺

 建筑是一种有着三维空间结构的造型艺术。建筑给我们的第一印象是它的外在形态，包括建筑的体量大小、房间布局、材质肌理、门窗屋顶、梁架结构、艺术装饰等内容。长期以来，我们对建筑的关注也大都停留在这些物质层面。但在这些感官可以把握的内容背后，是建筑的营造技艺和设计理念，以及建筑置身其中的文化环境。这些是我们不易从建筑外观中获得的，但它又是存在的。可以说，一座建筑从无到有，经过了设计者的前期规划设计，经过了木工、泥工、瓦工、画工等各个工种的工匠的辛劳施工，才能最终矗立在地面上。在这个过程中，工匠们所掌握的营造技艺是最关键的，而理念、习俗、信仰、仪式等也是不可忽略的文化内涵。

 随着非物质文化遗产概念的引入和非物质文化遗产保护工程的启动，人们对建筑的非物质层面有了新的认识。2009年，在联合国教科文组织保护非物质文化遗产政府间委员会第四次会议上，"中国传统木结构建筑营造技艺"被列入"人类非物质文化遗产代表作名录"。这意味着在中国传承发展了数千年的木结构建筑营造技艺获得了世界的肯定，也是建筑遗产从物质保护走向非物质保护的重要转折点。

诸葛村的古民居建筑是中国传统木构架建筑的重要组成部分，其建筑的布局、结构、技艺等都有内在的规范和准则。中国艺术研究院的刘托研究员指出："世界上没有任何一个建筑体系像中国古代木构架建筑体系这样具有高度成熟的标准化、程式化特征。"这些准则和规范都会在建筑的营造过程中得以体现。

[壹]工匠体系

在中国传统的建筑营造体系中，工匠的贡献是毋庸置疑的，但工匠的地位却是比较低下的。中国第一本关于手工艺的著作《考工记》中说："知者创物，巧者述之，守之世，谓之工。百工之事，皆圣人之作也。"作为先秦时期的著作，其中明显可见对工匠艺人的定位，认为工匠只能"守之世"，而将创造归功于"圣人之作"。

建筑的营造是一个系统的、复杂的工程体系，牵涉到的工匠种类比较多。早在唐宋时期，建筑的营造技艺已经有了详细的分工，如石、大木、小木、砖、瓦、泥、雕、锯等作，至明清则细分为大木作、装修作（门窗隔扇、小木作）、石作、瓦作、土作、搭材作（架子工、扎彩、棚匠）、铜铁作、油作、画作、裱糊作等。当然，有些匠人集多工种于一身，可以身兼数职。传统的建筑营造以木作和瓦作为主，木作作头为主，瓦作作头为辅，协调其他工种的工作，控制建筑营造的进度。

由于传统建筑是木构架结构，木构架决定了房屋的形式、尺寸和规模，其他工匠都是在此基础上进行操作的，所以，建筑行业中居主要地位的是大木匠。大木匠主要负责确定建筑的形式与尺寸，以及建造梁架、架檩、铺椽等，最终建成建筑物的骨架。

小木匠主要负责建筑中非承重结构的制作和安装，包括走廊的栏杆，屋檐下的挂落和对外的门窗、各种隔断、罩、天花、藻井等。宋代《营造法式》中归入小木作制作的构件有门、窗、隔断、栏杆、外檐装饰及防护构件、地板、天花（顶棚）、楼梯、龛橱、篱墙、井亭等42种，在书中占6卷篇幅。

泥水匠在建筑营造中主要负责建筑的定点放样、平基、定水平、安磉、砌墙、收山、封檐、天井、散水、内外墙粉刷、勾线、壁画等。这一工种早在新石器时代就已经出现，宋代《营造法式》作了系统的论述，明清建筑的泥作更是突破了宋代的规定范围，材料和技术更加丰富。

石匠主要负责建筑营造中的地基、台基及石库门的安装等。建筑中的石柱、门槛、门枕、门楣、台阶、栏杆等石制构件均由石匠完成。宋代《营造法式》卷三中专门规定了"石作"制度，列出角石、柱础、踏道、重台勾栏、石碑、螭子石、流杯渠等22种石质构件，以及制作石质构件的步骤和石雕技术的概括列举。

砖瓦匠主要负责墙体的砌筑、抹灰、上瓦、做檐口、做屋脊等，同时还包括方砖墁地、磨砖、对缝以及漏窗、砖雕门楼的雕刻与安装等。宋代《营造法式》中的瓦作,规定了筒瓦、板瓦、蹲兽、火珠、兽头、鸱吻、垒脊、布瓦垄及屋面铺瓦所需要的灰泥数量等内容,砖作则规定了用砖、垒阶基、铺地面、墙下隔减、踏道、幔道、须弥座及其他砖砌体等内容。

铁匠和窑匠并不直接在现场参与建筑营造,而是提供半成品。铁匠负责生产建筑构件和建筑工具,如铺首、门环、门套铁钉、铁扒锔等;窑匠主要负责生产砖瓦。

总之,建筑营造技艺是一项集体合作和传承的技艺,各个工种之间需要密切配合,在统一的组织下按流程施工,有条不紊地开展工作。工匠个人的技术水平对建筑的影响是直接的。诸葛八卦村的民居建筑在营造过程中,也需要多个工种的分工协作。

[贰]材料与工具

材料和工具是建筑营造的前提条件。建筑材料的选择以及工具的使用,将直接影响工匠的创造活动,也就影响建筑的最终形态和风格。在整个浙江地区,材料的选择和工具的运用都具有相似性。

诸葛八卦村处于古婺州,婺州的建筑用材主要有砖、瓦、木、石、黄泥、沙、石灰等。这些材料大都取自本地,可减少运输费用。木材主要有杉、樟、松、椿、桐、柏、槐、榆等。在选材方面,梁柱、椽、雀替等构件多用杉木，因其能防虫蛀，且质地坚硬；梁、枋等受弯构件则选择松木，因其弹性好；雕刻用木种类更多，如樟木、黄杨木、花梨木、榉木、柚木、银杏木等。建筑石材多取青石，因其分布最广。

古语说，工欲善其事，必先利其器，建筑营造工种众多，因此工具也非常多。工匠的技艺很大程度上体现在其对工具的操作过程中，技艺精湛者能够实现人与工具的和谐统一，达到游刃有余甚至是技近乎道的境界。

大木匠的工具主要有锯、凿子、刨子、斧头等，小木匠以凿子为主。对于大木匠来讲，锯主要用来锯解原木，刨子用来修整木料，使之光滑平整，凿子主要用来开凿榫眼，通常要配合斧子和锤子使用，原木大料的劈、砍、削都需要斧头。工具细分起来有三脚马（三条圆木架起的支架，用以放置木材，方便进行加工）、解板锯、大小框锯、长刨、短刨、角刨、木钻、木槌、夹具、篾尺等。

泥瓦工的工具主要有木夯、泥板、线锤、铁锤、泥桶、砖刀、筛子、铁锹、水桶、托灰板、泥刮等。其中木夯是筑实地基的工具，一般由一至二人掌握木夯，四至八人拉绳，反复提起、落下，将松散的地基填充材料后夯实。

石工的工具主要有钻子、手锤、铲、凿子、剁斧、磨头、大锤、墨斗、弯尺、线坠、平尺等。

随着时代的发展，一部分传统的建筑材料和工具渐渐被现代材料和工具替代。这种替代在很大程度上是在简化传统的营造技艺，对建筑的构造形式造成很大影响。比如，仿古建筑的柱子很多都用钢筋混凝土代替；早期的砖雕用砖泥质细腻，烧制工序讲究，烧出的砖质量也较好，现在很少有窑厂烧制这种砖。而随着工业化的推进，建筑施工中已经采用许多现代机械，比如切割机、打磨机、电钻、电锯等。这些现代化的机械工具大大解放了工匠的劳动力，提高了工作效率，但是也加快了传统营造技艺消亡的步伐。特别是在建筑的艺术加工中使用机械工具，大大降低了其艺术含量，工匠的创造性和专业性在使用电动机械工具的过程中被弱化了。在传统的建筑营造过程中，工匠的创造活动是很灵活的，工匠的双手和大脑形成了自然的衔接，创造的产品也是自然和谐的。而今天机械化参与的艺术产品过于标准化、规范化，多了几分刻板和冷漠，少了几分亲近和温情。

[叁]技艺特征

营造技艺是建筑的非物质部分，在现代的图纸出现之前，它一直存在于工匠的心中，靠口耳相传的方式传承发展。这是一种非常难以量化和规范化的知识，因此技艺的传承出现很多不稳定性，师傅的传授能力、徒弟的领悟能力及其他各种原因，导致很多传统的建筑营造技艺渐渐失传，这无疑给我们的建筑修复和保护工作带来了很多不便。因此，对于建筑营造技艺的挖掘、整理、研究就显得尤为重要。

诸葛村的古民居建筑是数百年前修建的，当时的营造技艺只能从建筑结构中、从文献的片言只语中进行反观。今天的的营造工匠虽然承担着建筑的修缮、维护和复建工作，但是真正原汁原味的营造技艺复原已是不可能了。虽然如此，由于中国的木构架建筑程式化特征明显，其主要的技艺形式还是可以把握的。作为婺州建筑的组成部分，当地传统木构架建筑的基本营建过程主要包括五个部分，即基础处理与地面铺装、制作木构架、制作屋顶、砌筑墙体和装修装饰[1]。每一部分又有相对的制作工艺，对应不同的工种。

一、基础处理与地面铺装

在营造房屋之前首先要选定地基，地基确定后就要择机营建了。在营建时，根据风水师、把作师傅和房主的综合意见、建筑的基址坐落等情况，确定建筑的形式、尺寸、台基高度，然后选择动土的吉日。

开工动土后，工匠要根据建筑图样在地基上放样，把作师傅用丈杆将房屋开间、进深尺寸、柱子位置等在地上予以标记，确定建筑的基本位置。在此基础上，钉好龙门桩、龙门板，拉好准绳，准

---

[1]各部分工序参见黄续，黄斌：《婺州民居传统营造技艺》，安徽科学技术出版社，2013年，第85—130页。

备放线挖土。在挖土时，采用沟槽形式，一般开挖到生土为止，以墙宽的1.5—2倍定槽宽。如果地形复杂，挖不到生土，则可采用打松木桩的方法来处理。不同于北方的砖砌，本地主要采用碎石砌筑，砌筑时先铺设一层碎石，再在上面铺沙，让沙石填满碎石间的空隙，增加基础垫层的密实度。基础垫层铺设结束后，开始砌筑台基，包括墙基和柱基。与此同时，还要挖好天井的排水沟。室外天井、明堂四周的散水明沟一般采用条石铺墁。动土平基后，民居若是石质门框，则需同步砌筑，木质门框则后做。诸葛八卦村以石质门框居多。石门框包括踏步、门踏底、门侧柱等构件，各构件务必保持整洁，按照安装尺寸和位置安放妥当，灌浆、勾缝均需细致。

地面铺装是建筑营造的重要步骤。宅居的天井、明堂采用条石墁地或卵石、三合土、夯土等，也有用青砖铺地的。明代室内地面常见的是方砖墁地，清代乾隆年间开始使用三合土。三合土是一种用石灰、黏土、细沙按一定比例配成的建筑材料。不管哪一种铺设方法，铺设前都要做抄平和泛水。抄平即进行基础垫层处理，用素土或灰土夯实，以碌碡的方盘上棱为基准在四周墙面上弹墨线，从廊心地面向外做泛水，一般是5/1000或2/1000。

三合土地面比较简单，先将三合土夯实，后淋卤水反复碾压，直到表面平整光亮为止，有的用麻绳压出四十五度的斜方格。三合土地面干燥后非常坚硬耐磨，可历数百年不坏。

方砖墁地多见于住宅室内地面，如堂屋一般是大方砖墁地。铺砌方法有多种，比如菱形方砖铺设法，一般是先拉线铺砖，边铺边修整砖的大小。其主要铺设步骤为：先在室内两端及正中拴好曳线并各墁一趟砖，并在曳线间拴一道卧线，以卧线为标准铺设墁砖；铺设好的墁砖需要表面补眼、磨光，并擦拭干净；最后上油，即在地面上倒生桐油，并用灰耙来回推搂，将多余的桐油刮去。

二、制作木构架

木构架是房屋建设的最重要部分，它决定着房屋的结构、尺寸、布局、规模和稳定性。诸葛八卦村的民居建筑属于婺州民居体系的一部分，其木构架主要有穿斗式、抬梁式和穿斗抬梁混合式。小型民宅采用穿斗式木构架为主，大型民宅及祠堂、寺庙等主要使用穿斗抬梁混合式。抬梁式木构架多用在明间，穿斗式木构架多用在次间及楼上。

穿斗式梁架的特点是用穿枋把柱子串联起来，形成一榀榀房架；檩条直接搁置在柱头上；沿檩条方向，再用斗枋把柱子串联起来，从而形成一个整体框架。抬梁式是在穿斗式基础上演变发展而来的，其特点是柱上搁置梁头，梁头上搁置檩条，梁上再用矮柱支起较短的梁，如此层叠而上。当柱上采用斗拱时，则梁头搁置于斗拱上。抬梁与穿斗混合式是指一幢建筑中既有抬梁式架构，又有穿斗式架构。这一复合式结构又分两种：一种是一幢建筑中某几榀是

崇行堂的穿斗式山墙

抬梁式，某几榀是穿斗式；另一种是穿斗架立于抬梁之上，或者某穿斗架中有抬梁成分。

从适用范围看，抬梁式多用于正屋三间大厅的明间左右两缝上，五开间厅堂的明次间梁架。有楼层的住宅多用穿斗式，这样既省料，又

大公堂的抬梁式梁架

加强了房屋结构的稳定性。抬梁穿斗混合式是在山墙部分使用穿斗式构架，在明间用抬梁式构架。诸葛八卦村明清时期的宅居建筑中最有特色的是月梁。月梁以肥胖、弧形、弓背为特征，从力学结构上讲，能更好地起到承重作用。

信堂路21号宅楼上厅穿斗式梁架

房屋营造时需要将各木构架部件预先制好，现场安装，也方便拆卸。房屋梁架属于大木作，营造流程包括画样、备料、制作、立架、安装脊檩、架桁等。

1. 画样备料

建造木构架首先要根据建筑规模画出图样，制作丈杆，准备大料。备料工作一般由木匠和房主把关，采购柱脚、梁、檩等大木料。有的备料时间长达数年，有利于木料自然风干，这样加工成型后木作活不容易走样变形，木料不会因缩水而开裂。

2. 木构件制作

在制作木构件时，需先将木料加工成一定的规格，方形的构件和圆形的构件要求不一。一般方形构件的做法是先将底面加工至直顺平整，再加工侧面；圆形构件要经过取直、砍圆、刮光三步。由于原木会有节疤、虫眼等缺陷，工匠会根据木材具体的使用而避开这些缺陷，将较美观的一面作为大面。荒料加工妥当后，第二步就是按照图样规格，将毛坯木料加工成所需构件，包括画线和开榫卯两个步骤。榫卯制作完成后，即可对大木进行编号，以便于安装。编号时根据建筑中线分为东、西两个部分，中线东边的由近及远编为东一榀、东二榀、东边榀，中线以西由近及远编为西一榀、西二榀、西边榀。

3. 立架

立架又称大木安装，指的是将制作好的大木构件按照图样和编号组装起来。一般是先把东一榀的各立柱在地上排列起来，然后从下往上依次安装各穿枋，把枋两端与柱子连接榫敲入柱眼，凡是有榫头穿过柱眼的地方都要用楔子加固。东一榀组合好后，需作简易固定，用人力将东一榀竖立，抬上磉墩，并用撑杆支撑加固，再将梁、枋等横向构件在相应柱间的地面上排列好。依次立东二榀、东三榀，最后立东边榀，安装梁、枋构件。西面各榀用同样方法操作。木构架立起后，还要用线锤调整柱子的垂直度与水平度，对所有梁架加以微调，使之符合要求。砌筑在墙体内的柱子需要刷桐油，以防腐烂霉变。

4. 装脊檩

全部构架竖立起来后，进行脊檩安装，也叫"上梁"。这是非常重要的一步，脊檩不仅是建筑结构上的重要构件，而且具有信仰层面的意义。民间认为，上梁是否顺利，不仅关系到房屋的结构是否牢固，还关系到居住者今后是否兴旺发达。因此需要选择一个黄道吉日举行上梁仪式，在梁上挂红彩，祭桌上摆供品，放鞭炮，上梁师傅要唱上梁歌，完毕将脊檩平稳地置于架上。

5. 架桁

安装脊檩后，按照先下后上、先中间后两边的顺序，从明间开始依次安装檐桁、金桁和脊桁。所有大料安装妥当后，再校一遍直，最后用涨眼料堵住涨眼，使榫卯固定。

三、屋顶营造

诸葛八卦村的屋顶形式比较单一，基本上都是硬山两坡顶，清水脊，也称"人字顶"。苦背是屋顶的底层处理，可以保暖防水，在北方建筑中必不可少。南方因气候温暖，无需在房屋望板或望砖上做苦背。房屋的檐口瓦主要由花边瓦和滴水瓦组成，多用在屋檐或墙檐。

民居屋面的做法一般为檩上铺椽，椽上铺设望砖。出于防水防

诸葛村民居屋顶

丞相祠堂中庭屋檐

丞相祠堂中庭的椽子和望砖

潮的需要,椽料一般用杉木。椽上铺望砖或望板,规格一般为8寸
×6.5寸×1寸。望砖上冷摊青布瓦,瓦的密度上密下疏,以防止下部
过重而造成瓦片滑落。底瓦大头朝上,盖瓦大头朝下,要求屋面上部
压七露三,下部逐渐过渡到压六露四。檐口铺设滴水和勾头瓦,仰瓦
施滴水,覆瓦施勾头,下垫瓦条2—3片,以防止覆瓦倾头。

诸葛八卦村民居的屋脊基本以立瓦脊为主,其做法是在阴阳
合瓦顶上前后瓦坡交接处做平脊,而后在平脊上从两山开始向脊
中央立瓦,立瓦的角度稍向山斜,最后用瓦叠在中央间隙处。除了
立瓦脊外还有花脊,花脊一般在祠堂、府第、厅堂等建筑上,花砖、

诸葛村民居屋脊

大公堂门楼上的花脊

花瓦砌筑后往往形成通透的孔洞，既美观，又能够降低对风的阻力。有的建筑脊端有鸱吻，不仅起到装饰作用，而且被认为具有避除火灾的功能。

屋面铺设首先需要做椽，用铁钉将椽子固定在桁条上，桁条上标记安装位置。然后安装檐椽，钉小连檐、燕颔板，椽子钉好后铺望砖，望砖的长度即椽间距。接着钉飞椽，飞椽与檐椽要上下对齐，方法与檐椽相同。钉在望砖上的飞椽，一般将椽尾的钉钉入一半，留一半待瓦匠铺好望砖后再钉紧。

望砖铺设结束后，即铺设瓦材。铺瓦前要做的工作是排瓦口、钉瓦口木、确定底瓦间距，然后引瓦楞线，再铺小青瓦。凹角梁上铺大板瓦作沟瓦，两坡瓦接于沟底瓦内形成夹沟，汇集一道总檐水排向

诸葛村建房用瓦

天井。房屋两侧山墙砌完后，用清水砖和瓦构件做正脊。脊部为大青瓦，上有青瓦压顶。具体工序为：撒枕头瓦、摆杆子瓦——底瓦老桩子瓦和放瓦圈——拴线铺灰、盖盖瓦老桩子瓦——砌当沟砖——放脊帽瓦、堵灰——抹当沟灰——打点、赶轧刷浆提色。

四、墙体砌筑

以木构架为主的建筑，其墙体的作用主要是围护、防火、空间隔断等，并不是建筑的承重结构。按照部位和功能，墙可分为山墙、后檐墙、院墙、隔断墙等。山墙是指建筑物两侧面的山尖形外墙，用以与邻舍隔开并防火，硬山式山墙是常见的方式。檐墙是指檐柱之间的墙体，分前檐墙和后檐墙：前檐墙常用屏门，或用整樘的隔扇门隔断；后檐墙就是后壁。院墙又分为照墙、围墙、女儿墙、照壁等。不同的墙体有着不同的砌筑方式，也能体现泥瓦匠人的技术水平。

诸葛八卦村的墙体砌筑多就地取材，外墙按材料分有砖墙、石墙、泥墙和混合墙。砖墙是最为常见的，

诸葛村陡砌法砌筑的墙体

当地基本用青砖筑墙。当地砖墙的砌法主要是陡砌法，即所有的砖都是侧立砌筑，看似空斗墙，实际上是实心墙。青砖砌墙的方法大致有三种，即条砖陡砌、开砖陡砌和开砖陡砌立桩实心墙，最常见的是前两种。砌墙时自下而上逐渐收分，台基往上是裙肩（高约檐柱1/3的部分），裙肩上身外侧有明显的收分，给人以稳定感。

泥墙又称夯土墙，有稻草筋夯土墙和三合土板筑墙等之分。其材料多以黏性好的生黄土为主，有些地方加入草泥和纸筋石灰膏，既美观又坚固。泥墙有两种做法，一种是直接用土夯筑，另一种是

土石分层夯筑。夯筑时经常用墙模，当地称泥墙桶，沿水平方向倒入黄泥，上下层错缝，一层压一层。夯筑时要注意天气季节，一般每天只能夯筑3—5层，而且最好打一天歇一天，以便晾干水分。

　　木构建筑中有一种梁枋隔断墙，主要包括木板墙和竹木龙骨墙等。木板墙多用杉木板，亦有松木和杂木板；竹木龙骨墙多用于楼上的隔断墙。

　　马头墙是体现江南建筑特色的重要构件，其砌筑要依据房屋的进深尺寸分档，随着屋面坡度层层迭落，以斜坡长度定若干档，一般为三档或五档。不同的建筑物形制采用不同的砌法，如果是空

诸葛村土石分层夯筑的墙体

斗墙，需要从屋面处改砌实墙，外部砌平，内部向内收。再砌三线拔檐，目的是将墙面雨水引出墙外，保护墙体不受雨水冲刷。三层拔檐做好后，两面坐盖瓦，并在两盖瓦之间包筒盖脊。然后铺大平瓦，安装博风板，加盖批水，安装雕饰构件。最后用小青瓦砌脊。

砖雕门楼在诸葛八卦村的古建筑中很常见，其砌筑安装有一定的顺序。首先要将受力部件在砌墙体时预埋，墙体砌完抹白灰前，从下往上安装水磨砖、砖雕雀替、额枋、字匾、浮驼、榫卯、砖细五路檐、砖作门楼椽、戗脊头、束腰鳌鱼、青瓦屋面（花边、勾头、滴水）等构件。

诸葛村民居的马头墙

信堂路62号门头

五、装修与装饰

建筑的基本框架结构确立之后，就要考虑装修装饰了。这是在保证建筑实用功能的前提下，使建筑拥有艺术价值，满足人们的审美需求。装修装饰主要包括大木作装饰、小木作装修、砖雕、石雕、屋顶装饰等。诸葛八卦村作为浙中建筑的一类，主要装饰部位在厅堂的梁架、门面、门窗隔扇及外檐廊等处。

大木装饰主要在房屋的梁、枋、檩、瓜柱等部位，以木雕为主。一般在建房构屋前做好雕刻装饰，再按需安装。

丞相祠堂中庭梁架底部雕刻

　　小木装修主要包括门窗、室内隔断、室外隔障、杂类等。装修的重点在大门门头以及天井周围的木构件上，如隔扇门窗、眉罩、斜撑、栏杆、挂落等。小木作装修装饰有着比较严格的施工工序。比如安装大门前应先装好门扇，调验分缝，然后倒出门轴安装上下套筒，钉牢踩钉，钉好门钉、铺首、包叶等饰件，最后装护口、稳海窝，将门扇安装妥当。安装隔扇与格窗也要按照工序进行，首先上下左右分缝调验准确，然后装套筒、钉踩钉以及面叶装饰，再将护口、海窝安装就位。挂落门罩的安装和格窗相似。木楼梯的安装也是小木作的

诸葛高嵩宅的格窗

内容，楼梯位置大都在堂屋太师壁后。先按样板制作楼梯斜梁，锯凿楼梯板台口及卯眼，刮刨锯截楼梯板，做出榫、槽。斜梁上口及楼梯平梁用银锭挂榫联结，用铁活加固。按分步台口安装踏板及踢脚板，上面立装栏杆。

诸葛八卦村的民居建筑少有油饰与彩画。室内梁架一般很少用油漆，仅在外檐廊等易受风吹日晒的部位上清漆或熟桐油。部分民居的门头、窗罩、影壁及马头墙等部位采用墨绘的方式勾画一些线脚或别致的缠枝花卉、几何图案甚至狮子滚绣球等内容。粉白色的外墙加上灰黑色的绘图，显得对比鲜明而又和谐优雅。

[肆]风俗与仪式

房屋建造是一家一户的大事，它不仅是搭建房子，而往往演变为一种文化活动，反映着人们的风俗信仰和文化观念。奠基仪式和上梁仪式是建筑营造中最重要的两项仪式。

信堂路6号的楼梯

在开工动土之前，举行奠基仪式是不可缺少的。传统做法是在房屋地基现场设香案供桌，备五色钱、香花、红烛、三牲、果酒等，设请三界地主和鲁班先师。东家和泥水师傅分别念祈祷文和咒语，接着烧黄纸祝文和纸银锭元宝。最后，东家在宅基四周淋上鸡血，燃放烟花爆竹。仪式完毕后，泥工才能动工。东家还要给泥水师傅包动土红包，宣布建筑营造正式开工。

上梁仪式则是房屋即将建成时最重要的仪式。富裕人家的上梁时仪式很隆重，还要请亲戚朋友来吃"架桁酒"。上梁仪式的参与者不仅有工匠、东家、亲朋好友、村民，甚至过路客也可以参加。仪式前，要在立好的梁柱上张贴楹联。架梁时要请五方宅神庇护，一般是在中堂摆香案，设三牲果品，拜请玉皇大帝、鲁班先师。左右置两个大托盘，放糕点、糖果、馒头、红包之类。左边搁砖刀、泥刮，上梁时献给泥水师傅；右边搁墨斗、角尺，上梁时献给木匠。房主持香接梁，将梁抬放至明间三脚马上。梁上用红布绕三匝，称"缠梁红"，由木匠将五枚铜钱交叉钉牢，寓意"五世同堂"。然后点燃

梁架立柱上的楹联

香烛，东家拜祭天地，木匠洒酒唱《敬酒歌》。敬酒结束后，匠师以鸡冠血画符打杀。然后泥水匠和木匠分别在左榀和右榀同时登上木梯上栋头，唱《颂彩歌》，应对《上梁歌》。最后，东家把香案上的两个托盘分别递给泥水匠与木匠，两人托盘上梯。栋梁缓慢上提，东边的木匠要比西边的泥水匠拉得稍高，因为东边"青龙"要比西边"白虎"的地位高一些。栋梁放好后，由木匠用斧子、泥水匠用锤子一起敲栋梁三下，以示稳妥。至此，上梁仪式完毕。在诸葛村，上梁仪式的时间很有讲究，一般要结合东家的生辰八字算出吉时，每家都不同。祭天地所用的供品则需从东家的娘舅家带来。

上梁仪式寄托了房主的美好愿望，它虽然不会在现实中起到实际的作用，却在精神上给人以希望和慰藉，丰富了乡民的文化生活。

诸葛村民居建筑的装饰艺术

诸葛村的建筑属于江南古村落的一种，和徽派建筑有相似之处，其装饰主要表现于宅门、披檐、梁架、窗扇上，木雕、石雕、砖雕、书法等是最基本的艺术方式，风格朴素、灵活、巧妙、精美。

诸葛村民居建筑的装饰艺术

　　建筑是传统的造型艺术之一，是人类技术和艺术对生存空间的重构。在这个过程中，人类体现出不朽的智慧和创造力。经过长时间的经验积累，建筑的艺术处理渐趋丰富，形成了一些程式化特点。和其他艺术形式相同的是，建筑也是通过立体和平面的构图，运用线、面、体、色等造型要素，以比例、均衡、对称、节奏、韵律、质感等形式美原理为准绳而取得它的艺术效果；不同于其他艺术形式的是，建筑艺术必须服从其实用功能，并受到建筑材料和结构的制约。在这一点上，建筑和工艺美术类似。

　　诸葛村的建筑属于江南古村落的一种，和徽派建筑有相似之处。建筑的装饰主要存在于门头、梁架及内部装饰上，木雕、石雕、砖雕、书法是其最基本的艺术表现方式。和宫殿建筑、庙宇建筑等高级建筑的华丽繁琐相比，民间的乡土建筑在艺术处理上显得更加朴素、灵活。

[壹]以宅门为核心的外部装饰

　　就建筑个体看，由于四面砖墙的围合，宅居内部的世界是闭合的，从外部只能看到大门、门头、马头墙以及高高的屋脊。诸葛八卦村民居的宅门一般有两种样式，一种是木构披檐，一种是苏砖门头。

披檐的木构架有比较简单的，不做任何雕饰，用略呈弧形的斜撑来支撑挑檐枋。这种斜撑一般上细下粗，两侧微微作弧面，大面处理上朴实无华。在结构上，木披檐有带柱子的，也有不带柱子的。为了增加披檐的

简单的木披檐门头

稳定性，防止倾覆，建造时往往把挑檐枋后尾伸进墙内，或者简单地用垫板和簪子销住，或者安装在金鼓架上。由厢房开门的门头，披檐的挑檐枋后尾都与厢房的木构架连结。新道路49号的门头披檐，枋子后尾伸进墙内之后，通过一个短柱被楼板梁压住，形成一个巧妙的杠杆结构，非常牢固。有的人家在披檐两边挂两个灯笼。

装饰华丽的披檐有雕刻精细的斗拱、月梁、替木等。如大经堂前下塘路65号的侧门，其斗拱层层挑出昂嘴，作细巧的卷曲。牛腿的外形和雕饰题材很多，有卷草纹浮雕，也有以神话和戏曲场景为题材的

下塘路4号斗拱雕刻

下塘路4号牛腿雕刻

信堂路41号牛腿雕刻

高浮雕、透雕甚至多层镂雕。如下塘路4号，披檐下的牛腿雕饰祥禽和花卉纹，承檐的斗拱雕饰卷曲的花叶纹；新道路51号近邻某宅门头披檐的一对牛腿上雕饰狮子滚绣球，狮子活灵活现，披一身浓密的卷毛，绣球镂空，雕工极为细致；信堂路41号，其披檐下的牛腿制

下塘路63号门柱间的梁枋雕刻 下塘路63号牛腿雕刻

作成蜷曲的龙形，上面雕刻植物花纹，坐斗刻莲花形浮雕，上承卷曲状拱；下塘路63号，门柱间的梁枋雕刻有麒麟、飞燕、鲤鱼等吉祥动物，梁托雕饰卷草纹，两边的牛腿亦雕刻精细的博古纹样，具有较高的艺术价值。

苏式砖雕门头据说是苏州制造，经水路运到新桥头，然后用人力运到诸葛八卦村。[1]苏砖门头也分简单和复杂两种，简单的只是以几层线脚挑出窄窄的一层檐子，复杂的则仿木构门头，有柱、枋、华板甚至小巧的斗拱。华板上雕刻不同的题材，浮雕和圆雕相结合，枋子等处刻有"寿字不到头"或"万字不到头"图案。最华丽的苏砖门头有长寿路42号春晖堂、下塘路62号、信堂路53号、62号和83号的民居。如下塘路62号，青石门框，仿木构披檐，檐脊中间有砖雕葫芦瓶，

[1]陈志华，李秋香：《诸葛村》，清华大学出版社，2010年，第196页。

简单的砖雕门头

刻双钱纹，两端饰砖雕鸱吻，檐头有勾头滴水。檐下斗拱支撑，有四根仿木构砖雕垂柱，垂柱间雕刻万字纹、卷草纹、回纹等吉祥纹饰。苏砖门头不像木披檐门头那样有层次，但与白墙更为统一和谐，显得十分高雅。

诸葛八卦村民居建筑的大门一般为木质，门上有门环。部

信堂路83号砖雕门头

下塘路62号砖雕门头

分大门包有铁皮，铁皮上有突起的小门钉，如下塘路62号。下塘路62号的大门雕饰精美，门扇中间的方形区域内刻画人物故事，门扇上部有回文镂空隔扇，上饰缠枝花纹，隔扇中间浮雕花瓶和花卉，寓意平安富贵；月梁中间浅刻双钱纹，以双钱纹为中心，两端有浅刻弧形曲线；月梁与立柱之间的梁

下塘路62号砖雕门头细部

托雕刻为卷龙形，月梁和门楣之间的空间镂雕植物纹饰，正中间为浅刻八卦纹饰。在大门门扇外，多装有两扇矮矮的腰门，高约大门的一半。在大门开时闭合腰门，可以阻挡畜禽的进入，兼有采光的作用。

这道腰门有的非常简单、无装
饰，有的则施浮雕或镂雕。门楣
上方，照妖镜、三叉戟和八卦图
是常见的挂饰，用以辟除邪祟，
祈求平安。门楣下约30厘米处有
一道月梁，与腰门呼应，有的素
面，有的施加浅浮雕，有的上插
三叉戟，使得大门在整体上更具
有艺术气息。门框两侧立柱上
挂有花瓶形香插，多以竹筒制

下塘路62号大门

雍睦路12号大门

信堂路38号腰门

成，高约10厘米，有的则以简易的铁筒或易拉罐制成。有的香插中插
入松柏，寓意平安长寿。

　　大门上几乎都贴有对联，门扇中间位置贴较大的主对联，靠近
中缝位置又贴有副对联。副联比较简短，常见的有"开门大吉"、"出

腰门上的暗八仙图案

信堂路32号宅门

入有喜"、"迎春接福"等。主联则讲究对仗工整，内容大多和诸葛亮有关，如"学以广才宁静得，忠能谋国鞠躬行"、"诫子一书传忠厚，出师二表映丹心"、"守祖训勤我躬耕，治家风俭以养德"、"鞠躬尽瘁扶汉室，淡泊宁静传家风"、"名垂百世出师表，福泽千秋诫子书"等，体现出村民对于先祖的崇敬以及作为诸葛后裔的自豪感。也有传统对联，如"人喜家欢天下喜，山欢水笑神州欢"、"天然深秀檐前松柏，自在流行槛外云山"、"不须着意求佳境，自有奇逢应早春"等。若遇家中有人过世，则第一年春联为蓝色，第二、三年为绿色，第四年恢复红色。主联下方往往另贴元宝形剪纸，红底金色或银色，元宝形轮廓内剪出"喜鹊登枝"、"黄金万两"之类的吉祥图案，反映出村民对于财富和美好生活的诉求。这种元宝形剪纸可能是诸葛村特有的装饰，尚未在其他古村落发现。

大户人家的门户更是强调装饰功能，大门扇有铁皮泡钉，通高的

下塘路63号对联

信堂路57号对联

雍睦路12号对联

大门上的元宝形银色剪纸

隔扇代替腰门，格子间嵌有花卉、蝴蝶、蝙蝠、寿字等雕饰，透露出其经济实力和审美取向。

诸葛村民居外门除了固定的装饰外，时令风俗对其也有影响。除春节贴春联外，清明节家家门户上会插柳枝，以招亲魂、拒野鬼，表达对逝者的思念。端午节，则在门户上插上艾草和菖蒲，以辟瘟疫、祛虫病；门楣上贴午时符（以宽黄纸条上画八卦符制成），两侧书小对联，如"艾旗迎百福，蒲剑斩千邪"之类；有些人家则贴钟馗像以驱鬼。秋收时，门楣上挂稻穗，以谢丰年。这些依时令形成的装饰行为和心理一代代传承下来，成为不可缺少的生活内容。在诸葛八卦村考察时发现，某些冲路的墙角贴有辟邪用的红纸条，已残缺，上书"甲马将军"、"天地无忌阴阳无忌姜太公在此"等。这也是民间信仰的一种表现。

[贰]以梁架为核心的内部装饰

虽然建筑并不以装饰性为基本属性和内在要求，但是大凡留名青史的建筑，基本上都有不朽的艺术价值。鉴于建筑的技术要求，安

隔扇门雕饰图案

全性和实用性是其主要标准；而在这一基础上，人们力求其审美功能的实现，在建筑的形体、结构、色彩等方面进行艺术加工，艺术装饰让建筑富有魅力和内涵。

中国的古建筑以木构架为主要的营造方式，也创造了适应这种结构的独特风格，抬梁式、穿斗式、井干式是古代木构架的主要构造样式。这种木构架本身并不具备艺术的属性，但是聪明的工匠艺人却能够利用木构架的组合和各构件的形状及材料本身的质感进行艺术加工，将建筑的功能、结构和艺术相融合。

诸葛八卦村民居建筑的内部装饰主要体现在梁架上。梁架虽然是结构性部件，起着承载建筑重量的重要作用，但是并不影响人们对其进行艺术加工。工匠艺人在不影响其结构功能的前提下，采用浮雕、圆雕等手法对梁架进行艺术化处理，使建筑的技术性和艺术性相结合。诸葛村大厅梁架的装饰美化主要体现在四个方面。

一是采用弧形的月梁和梭柱。乡土建筑的梁架都是暴露在外的，一般民居都采用水平梁，没有雕饰。但是水平梁看起来比较笨拙，也不美观，于是就有了对梁的改进，月梁就是其中的典型。诸葛八卦村的古民居大量采用月梁，月梁可以看作是将平梁的两端肩部修圆，底部微向上拱，形成弯月状，显得比平梁生动、美观。诸葛八卦村民居建筑的月梁比较粗硕厚重，弧线流畅圆润，两端收煞比较急。饱满而有弹性的梁头侧面刻有深深的凹槽，凹槽是双沟的，沟的边角比较锐利，称"龙须"或"虾须"，虽然不起结构性作用，但是打破了月梁的单调厚重和肥软感，产生一种对比效果，使之显得挺拔有力。

二是在月梁上端瓜柱之间的空隙里，有一种环形的结构化了的构件，叫作"猫梁"。它可以增加瓜柱的稳定性，同时又结合木雕技法，形态卷曲，首尾相贯，造成一种运动感。长寿路15号、旧市路82—88号、雍睦路28号、和信堂72号落地大厅都有这样精美的梁架。

三是梁托和雀替的雕刻，这是民居建筑中最重要的装饰部位之一。诸葛八卦村的民居建筑中，梁托都以整块木料雕刻而成，采用浅浮雕或深浮雕技法，内容以吉祥图案为主。寿春堂明间雕饰几何纹样的月梁底下有梁托，梁托雕刻有精致的博古花卉。雍睦路29号宅，其明间前后双步梁和三架梁下用鸱鱼吐水状雀替，五架梁下用鸱鱼

寿春堂内的月梁

丞相祠堂门屋的月梁

信堂路6号楼上厅月梁

吐水状雀替，出一跳丁头拱；次间楼上各柱间都有双步梁，月梁造、梁下雀替均为鸱鱼吐水状。

四是梁、檩底面的浮雕。这些浮雕也是以吉祥图案为主，如缠枝花卉、几何纹饰等。比如信堂路81号，明间前檐檩下有高浮雕"百鸟朝凤"，前下金檩下有高浮雕"丹桂吐香"，前金檩下有高浮雕"五鱼戏水"，两端有"双鸱鱼吐水"，图案形象生动。又如信堂路6号，楼上厅下的月梁底端雕饰有高浮雕花卉纹饰，梁柱间有圆雕雀替和牛腿，以花卉纹和瑞兽纹为题材，极为精美。

如果楼上有坐窗或栏杆挑出、腰檐挑出，则楼下的檐柱上就有承托的牛腿等构件，这也是装饰的重点。牛腿的雕饰题材主要有吉

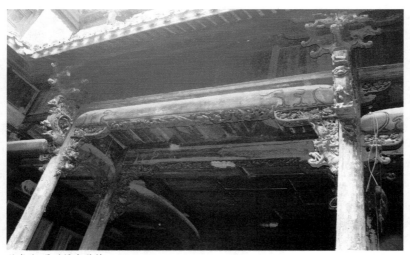

信堂路6号的梁底雕饰

祥文字（福、禄、寿、喜等）、吉祥动物（鹿、狮、龙、禽鸟等）、吉祥人物（八仙、和合二仙等）、吉祥图案（缠枝花卉、博古纹、几何纹样等）。如信堂路106号，明间面宽3.61米，次间3.08米，进深5.59米，靠天井用重檐，上檐用斜撑式牛腿，下檐用卷草纹牛腿。诸葛高嵩宅内的牛腿雕饰精美，层次丰富。寿春堂明间两檐柱间的月梁上雕饰有

诸葛高嵩宅内的月梁及梁托

寿春堂的月梁及梁托

诸葛高嵩宅内的牛腿雕饰

卷曲的虾须和缠枝花卉，牛腿饰花卉纹、人物故事等。部分排门式商铺也有装饰性牛腿，如马头颈23号、上塘街34号。雕饰最为精致的牛腿在丞相祠堂，丞相祠堂的门厅、中庭、后寝檐柱上都有极具艺术性的牛腿雕刻。

寿春堂内的牛腿雕饰

丞相祠堂中庭的牛腿

丞相祠堂后进檐柱上的牛腿

[叁]格扇窗、柱础及其他装饰

格扇窗一般用在楼上,常常围绕天井一周。三间两搭厢的住宅,厢房中央用两片隔扇,正屋在明间的用四片,其余部分装板壁。亦有在明间设三樘窗,相互间用板壁隔开,中央四扇,两边各两扇。楼下正屋次间向四尺弄开一双扇槛窗,厢房大多是一个双扇槛窗,少数是六扇槛窗占满整个房间。格心图案以常见题材为主,格心下的花板是重点雕刻部位,常见题材有"琴棋书画"、"笔墨纸砚"、"暗八仙"、"三顾茅庐"等。

上塘街34号商铺

柱础俗称磉盘或柱础石，作为古建筑的重要构件，主要起着防潮和承载立柱重力的作用。诸葛八卦村民居建筑的柱础形制以圆鼓形及其变体为主，少量方形，当地人统称其为石鼓。圆鼓形柱础采用青石制成，在外形上两端收紧，中间鼓起，无特制底座，形制单一，素面无装饰。圆鼓形柱础的变体较为复杂，是复合式的。又分两种制式：一种为覆盆式底座上承圆鼓形柱础，分上下两层，素面无装饰；另一种要复杂得多，其下端为覆盆式或圆柱式底座，上作束腰圆形墩，柱墩肩部直径最大，两端收缩，素面无装饰，但形成直径不同的圆形线条，富于变化，增加了装饰性。方形柱础在诸葛八卦村存量不多，主要用在方形檐柱或门柱下，其上端粗大，下端逐渐收紧，落在覆斗状基

寿春堂内的鼓形柱础

丞相祠堂中庭金柱柱础

雍睦堂内柱础　　　　　　　　　　大公堂门屋檐柱柱础

座上，素面无装饰；但因为有上下粗细变化，形成一定的节奏感，依然具有较强的装饰性。

　　民居建筑中的堂屋布置也有一定程式，一般的格局是太师壁前放置一长条的"杠几"，在杠几前面放置八仙桌，两侧为两把太师椅。堂屋左右各置三把椅子和两个茶几。太师壁上挂堂号的匾，匾下部往往挂一幅中堂画，并配一副对联。中堂画有百寿图、福禄寿三仙、猛虎图、天官赐福、松鹤图、福字等多种题材。杠几上摆放祖先像、烛台、香炉、镜子、花瓶、钟表等物件。

　　民居中的天井面积往往很小，宽不过4米，纵深不过1—2米。天井里大多有水缸，用于防火，余地里放些盆栽，作为点缀。诸葛高嵩

诸葛高嵩宅堂屋摆设

信堂路21号堂屋摆设

宅的影壁上有一个象征"福禄寿喜"的"福"字图像，左边偏旁以鹿首形象起笔，右边部分以鹤首塑形。"鹿"谐音"禄"，鹤象征"寿"，鹿鹤相逢构成"福"字，同时寓意"喜"。其构思不可谓不奇妙，具有较高的艺术性和文化性。大户人家的住宅多有庭院花园，种植树木花卉，大一点的还有亭台楼阁，假山池水。这些小景花园，为封闭的院落增添了几分生气。

[肆]诸葛村民居建筑的艺术特征

诸葛村的民居建筑，步入其中是一座独立的庭院建筑，倘若远观、俯视则景象大异，呈现出来的是一组或多组建筑群落。不同的视角给我们带来的景观是不同的，其审美意境也是迥然有别的。将

天井中的水缸

诸葛高嵩宅影壁上的"福"字

诸葛高嵩宅的后花园

诸葛村的民居建筑作为一个整体去体味，其艺术特征可以从以下几个方面进行论述。

一、建筑布局精妙，整体视觉效果独特

以风水理论建设的放射性建筑布局世上少有，不仅具有易学的神秘性，更体现出艺术的创新性。中国传统的古建筑，基本上是以轴线为主、对称或均衡的布局，在浙江其他古村落中也大多如此。但

天一堂后花园俯视上塘住宅区

诸葛村小巷

是诸葛八卦村却独辟蹊径,以九宫八卦图式营造庭院建筑,围绕钟池呈放射状分布,八条小巷也呈放射状通往远方,又有横向的巷道穿插连接,整个布局如同蛛网。这种建筑布局给人的感觉十分新奇,具有冲击力和神秘感,也是具有艺术美感的。

二、色彩淡雅,造型轮廓丰富

从整体上看诸葛八卦村的民居建筑,黛灰色的瓦片层层叠叠,粉白色的墙面略带斑驳,风景四季可易,但黑白灰的建筑色调是稳定的。高高的马头墙,轮廓作阶梯状,脊檐的长短随着房屋的进深而

马头墙

诸葛村民居建筑

诸葛村民居建筑

变化，马头呈反抛物线状微微翘向天空，极富韵律感。加之诸葛八卦村内地势不平，建筑高低错落，朝向不定，马头墙的高低朝向也随之变化。在蔚蓝的天空下，建筑群的轮廓异常清晰。再有几株绿树穿插，更给建筑增添了几分生机。窄窄的巷道宛若村落的经脉，小洞窗、灰砖门楼或木披檐门罩在粉白墙下愈显突出。可以说，这种江南民居色调协调，对比分明，随着四季的移易拥有不同的画面感。

三、结构巧妙，雕饰精美

诸葛八卦村的民居建筑在形制上以三间两搭厢和对合式住宅为主，采用穿斗式梁架和抬梁式梁架相结合的方式构建房屋。月梁的使用体现了人们对建筑审美价值的追求，月梁造型圆润，梁端雕刻出凹形双沟柔和曲线，呈龙须状。建筑的尺寸越大，月梁使用越多，体量也越大。民居中面向天井的前檐是木构装修集中的部位，在满足实用功能的同时，门窗隔扇、牛腿、栏杆等多有精致的艺术处理。由于高墙的遮蔽，建筑的内部空间是封闭的，建筑外面能够施加艺术加工的就只有大门了，这一沟通宅院内外的结构性部位成为体现建筑艺术性的重要载体。苏式砖雕门头、木披檐门头多有精美之作，浮雕、圆雕、镂雕皆是工匠常用的装饰手法。

总之，诸葛八卦村的古民居建筑不仅是供人居住的实用空间，而且通过一定的艺术加工，使建筑具有艺术审美价值。建筑的色彩、装饰、结构、材料的质感、布局的形式等都是重要的审美要素。同时,建筑也通过它的存在向人们反映一定的社会历史和文化内涵。正如法国文豪雨果所言:"建筑是石头的史书。"苏联美学家鲍列夫认为:"人们惯于把建筑称作世界的编年史:当歌曲和传说都已沉寂,已无任何东西能使人回想起一去不返的古民族时,只有建筑还在说话,在'石头'的篇页上记载着人类历史的时代。"[1]可见,古民居建筑的艺术性和文化性是相伴而生的,它既是物质生产的成果,也是艺术造物和文化产品。

---

[1] 〔苏〕鲍列夫:《美学》,中国文联出版社,1980年,第415页。

诸葛村民居建筑营造技艺的传承与保护

古建筑的存在发展是集体传承的产物，在营造过程中，通过师傅带徒弟的方式来传授技艺，经过长期的操作实践逐步掌握，一代代传承下来。古村落的保护和发展需要积极探索，采取有效的措施。

诸葛村民居建筑营造技艺的传承与保护

诸葛村古村落已经有700余年的历史,其民居建筑必是一个逐步营建改造的过程,它随着世事人情的变易而不断发展,直到今天呈现在我们面前。当然,它不仅有过去,还有未来,新的时代提出了新的发展要求,诸葛八卦村不可能一直安于现状。作为一座有着深厚文化底蕴的古村落,它在今天迎来了新的发展契机。古村落营造技艺不仅是历史的遗产,更是今天文化发展的资源,要将这一文化遗产和资源保护好、利用好,需要今人更多的智慧。

[壹]传承与演变

今天的诸葛八卦村民居建筑精致者颇多,融实用和审美为一体,反映出村民对建筑的审美功能和文化功能的需求。当然,作为民居建筑,实用性是其基本要求。诸葛村今天的建筑格局,也是在不断的发展演变中形成的。

一、建筑风格的传承演变

建筑的修建营造受制于多种因素,人力、财力、物力、意识形态、文化氛围等都在很大程度上影响着建筑的营造规模和风格。想必诸葛八卦村民居在营建之初也比较简朴,以实用为主。况且同一村落，自有贫富差距，富人可以修建高屋广厦，而穷人只能居草庐茅舍。在诸葛八卦村，穷人的茅屋或散布于村落边缘，或依傍大宅的外墙，更贫穷的人家只能寄居宗祠。根据陈志华教授的研究，诸葛八卦村的民居建筑在明代中后期还是非常朴素的，而且传统的耕读文化对自然、田园、乡野生活的热爱，在建筑中有着鲜明的反映。根据明正德年间（1506—1521）诸葛渊《西轩杂咏》[1]诗五首所记，其时的建筑还比较简朴。举其三首：

其一："小构仙人旧草庐，白云堆里卜幽居。竹床萝影闲敲局，花牖风香细著书。"

其二："叠嶂重阴路欲迷，数间茅屋足栖迟。人如严子滩头过，景似王维画里移。"

其三："数椽斗室隐林泉，伴侣云山不纪年。明月清风闲宰相，纶巾羽扇散神仙。"

从诗中可见，当时并不追求精致、豪华、奢侈，而是标榜一种萧散高雅的精神生活，强调人与自然的和谐相处。

明代的诸葛八卦村中经营药材生意的人很多，许多家庭资产殷实，经济富裕。但有了家财之后他们也并不一定大兴土木、修建豪华住宅，相反，他们往往依然恪守儒家传统，保持读书人的气节。如诸葛南轩"富而好礼，尚气节，崇礼义……勉族训后，必以勤俭"。他还

---

[1] 见光绪《兰溪县志》。

捐祀田，修族墓，资助族人读书应试。

　　及至太平天国战乱之后，世风大变，诸葛八卦村民居建筑开始注重雕饰美化，屋宇营建走向富丽奢华。光绪《兰溪县志·风俗》载："燹后市廛复兴，商贾云集，买卖易于牟利，愈增浮费，致饰外观，城居土著，不免相沿成风。"《高隆诸葛氏宗谱》里有一篇写于同治七年（1868）的文章《恭祝诸葛鹤亭大兄大人四旬初度》，描写其住宅"凤飘翠羽，日丽华堂……美哉轮，美哉奂！"可见其宅居已是堂皇富丽，以装饰华贵为美了。

　　诸葛村的民居建筑愈来愈走向繁盛的一个重要原因，是当地宗法制度对外出经商之人财产的处置规定。因诸葛八卦村耕地不足，很多人不得已出外经营药材生意。但是为了稳定宗族关系，族中规定外出之人不得携带家眷，也不许在外纳妾。因此，他们经商所得余利就只有带回家乡。因为家乡田地的匮乏，他们不能大量购置，资财就只能用来修缮营造，从而导致住宅越来越考究，推动了村落建筑的繁荣。

　　诸葛村古村落建筑中较精致的住宅大多建于明、清两个朝代，以清代乾嘉年间建造为多，今存100余座，构成村落建筑的主体，典型的有信堂路106号宅、信堂路83号宅、信堂路81号宅、雍睦路28—29号宅。

　　民国时期，诸葛村的民居建筑无论是在规模上还是形制上都逊色于明清时期，其主体建筑为三间两搭厢和三间式木结构楼房，有的村民住棚屋和茅屋。这一时期的住宅门面已经没有苏式门头，只有简单的石库门式青石门面，还有仿西洋式大门。墙体材料一般用黄泥，高级的用砖块。屋架结构用方梁不用月梁，没有猫梁，内部装饰简单。牛腿雕刻多为东阳工，雕饰内容以人物和动物为主，很少有石雕。代表性建筑有行堂路8号宅、行堂路10号宅和尚丰路48号宅。

20世纪50至60年代，随着时代的发展，诸葛村也经历着重大的变革，经济体制和土地财产权变更频繁。这一时期，诸葛八卦村的民居建筑基本维持原来的格局面貌，未有大的拆建，只有低矮的棚户和简易的泥墙屋出现。村民如遇兄弟分家，也不新建住宅，往往只对原来的房屋进行分块间隔，另开门户。经济条件好的，则将邻居闲置或已迁居外地人家的房屋购买过来，以改善居住环境和条件。从全村建筑规模看，住宅总量增加有限。

20世纪70年代，部分村民开始利用闲置的宅基地建造住房，为普通的二间或三间式，有平房，也有低矮的楼房。80年代，诸葛村已有三间式两层或三层的砖混住宅出现。90年代初，高隆岗和330国道两侧进行商业新区开发，大量多层砖混结构商住楼开始出现。

21世纪初，为了保护古村落民居，诸葛村进行了新村规划，在高隆岗西侧、诸葛中学东侧开辟了一个生活居住新区。新区建筑延续

了传统建筑风貌，在统一模式的前提下，通过建筑的立面造型、外墙颜色的变化，形成住宅的独特性。建筑为砖混结构，坡屋顶，马头墙，白墙黑瓦，整体造型古朴典雅。

二、传承人及传承特点

建筑技艺的传承很难归集于一个人或几个人，古建筑的存在发展是集体传承的产物。木作、瓦作、石作、砖作、画作、土作、泥作都有专门的工匠师傅，正是他们的分工协作、凝聚智慧，才有了今天建筑形制的多样性和丰富性。

在建筑营造活动中，技艺的传承是通过师傅带徒弟的方式完成的，徒弟通过观察、模仿师傅的实践操作，去领悟、学习相关的技艺。一个优秀工匠的塑造，需要长达数年的历练，需要自己的勤学苦练、琢磨领悟，才能修成正果。特别是某些师傅受"教会徒弟，饿死师傅"观念的影响，在传艺过程中可能会有所保留，导致技艺难以完整地传承下来，这就要求徒弟在学习过程中多用心，在工艺操作中体会领悟。

诸葛八卦村的建筑营造历经数百年，除了不同工种的匠人的集体协作外，也有一些相对具有代表性的、能够在总体规划上影响村落建筑格局的传承人，他们的思想观念对于建筑的整体风格起着决定性的作用。现在诸葛八卦村的民居营造技艺已属国家级"非遗"，整理出了自元代诸葛大狮营建村落以来的几位典型性的传承人。其谱系如下[1]：

元代：诸葛大狮

诸葛大狮为诸葛亮二十七代裔孙，行字五，字威公。他是元代末期高隆诸葛村的创始人，世代尊为高隆始迁祖，精通堪舆（风水）之术，可谓杰出的堪舆学家。以钟池为核心建造房舍，使村落吻合九宫八卦之意。

明代：诸葛文郁

诸葛文郁（1476—1536），为诸葛亮三十五代裔孙，行昌久一，字盛之，号而轩。一生酷爱诗画、构筑园林，明正德初年，在诸葛村建造西轩、亭台等。

清代：诸葛琪

诸葛琪（1655—1717），为诸葛亮三十九代裔孙，行慕五百三。诸葛琪对村中生态环境（古称风水）极为关注，同时为保护这方"风水宝地"作了不懈努力。将《杞言并尾图幅》记入宗谱，批判不肖子孙恣意破坏风水，同时将"不得损坏阴阳宅"纳入诸葛氏家规。

清代：诸葛履

诸葛履（1700—?），为诸葛亮第四十二代裔孙，行和，字坦舒，号邃岩。诸葛履一生崇尚恬淡的耕读生活，精于园林艺术营造。乾隆末年，他在诸葛八卦村建造了西园。

---

[1] 见诸葛村古村落营造技艺国家级非物质文化遗产名录申报书。

清代: 诸葛锵

诸葛锵（1844—1900），行明，原名堂增，字风鸣，号崇斋，为诸葛亮第四十七代裔孙。一生乐于助人，生前捐出重金，修葺会馆、祠堂。

1991—1997年，在诸葛坤亨带领下，诸葛村先后维修了大公堂、丞相祠堂、尚礼堂等，恢复了上塘古街。

诸葛八卦村的民居营造技艺虽然列入了国家级"非遗"名录，但这只是古建筑营造技艺保护的开始，对于大木匠、石匠与砖匠等在民居营造技艺中占主导地位的传承人的挖掘和保护还明显不足。不可否认，传统建筑营造技艺的保存、保护依赖于传承人，传承人的生存状态直接决定某一技艺的生命力。因此，诸葛八卦村建筑的传统营造技艺的保护与发展还有很长的路要走。

[贰]对古村落及其营造技艺的保护

诸葛八卦村是全国重点文物保护单位，中国十大古村之一，诸葛亮后裔的最大聚居地，号称"华夏一绝"。它以九宫八卦格局营建村落，保存着明清以来200余座古民居，有着独一无二的发展历史。这一独特的村落文化，在今天的社会背景下显得愈加珍贵。古村落的保护内容主要包括物质层面和非物质层面：物质层面，如具有特色的整体空间环境和风貌、传统的街巷格局和形态、具有文物价值的古文化遗址、古建筑、石刻、河道水系等；非物质层面，包括具有地方特色的方言、传统戏曲、传统工艺、传统产业和民风民俗等文化遗产。诸葛八卦村有着数百年的营建历史，积累了大量的物质文化遗产和非物质文化遗产，这些遗产需要我们去保护，并将其中的文化传统加以传承。

随着社会经济的发展，古村落的旅游开发日渐深入，人们对于古村落的价值有了新的认识。但在这个过程中却出现了诸多问题，在保护与开发之间难以形成明确的标准和依据。诸葛八卦村在旅游开发中收获了较高的经济效益，也获得了明显的社会效益，但也面临环境破坏、古民居修缮欠缺、规划较乱等问题。目前看来，诸葛八卦村古民居虽然整体保存较完整，但是数百年前的房子难免阴暗潮湿、腐烂磨损，很多民居早已人去楼空，没有日常打理，建筑的老化自然会大大加速。如何在新形势下将民居建筑保护好、规划好，毫无疑问是一项长期的工作。

一、诸葛村民居建筑保护的历史与现状

诸葛村古村落建筑的保护工作最早源起于村民的自发行为。

据《诸葛村志》记载，20世纪60年代中后期，在"文化大革命"的"破四旧、立四新"社会运动中，建于元代的大公堂没能得到应有的维修保护，被生产队作为牛棚。至80年代，第四进和第五进房屋倒塌严重，前三进也有很多地方漏雨霉变，这座年代最久的古建筑岌岌可危，村中父老乡亲皆有心愿修复大公堂。1990年，由诸葛御

春、诸葛绍贤、诸葛楠、诸葛子明、诸葛万昌、诸葛方城、诸葛同鑫、诸葛仲先、诸葛向荣等22人组成重修大公堂理事会，负责筹措资金、组织施工等工作。在村民捐款及各方乡亲、组织和单位的支持下，历时2年，耗资14万元，大公堂的修缮工作终于完成。这是村民自发保护古建筑的开始，反映了部分有识之士的责任心和远见。1988至1995年间，村民先后自发地抢救性维修了崇信堂、尚礼堂、大公堂、崇行堂、雍睦堂等属于村集体的厅堂。

在抢修过程中，清华大学古建筑学家陈志华教授发现了这一古村落，并肯定了其存在和保护价值。他呼吁兰溪市政府采取紧急措施对诸葛八卦村予以保护，兰溪市政府由此介入到诸葛八卦村的保护工作中来。

1992年，兰溪市政府决定将诸葛八卦村列为兰溪市历史文化名村、市重点文物保护单位，成立了由市政府、文化局、镇、村干部组成的诸葛八卦村文物保护领导小组，并且将一直被作为酱油厂使用的丞相祠堂腾出，归还诸葛八卦村。1993年，在诸葛八卦村召开了全国诸葛亮学术研讨会，在会上，诸葛八卦村作为全国诸葛亮后裔的最大聚居地的地位得到了专家的论证肯定。1994年，诸葛八卦村成立了诸葛文物旅游管理处，试行对外旅游开放。管理处由村委会一位委员主持日常旅游管理工作，实行自主经营、独立核算，"文物保护领导小组"和"文物旅游管理处"是一种行政领导职能关系。

1995年，由兰溪市政府向国家文物局申报全国重点文保单位，1996年，诸葛八卦村被国务院批准为全国重点文保单位。1997年，诸葛文物保护管理所成立，为全民行政编制。文保所成立后，在村委会的配合下开始对诸葛八卦村的古建筑进行调查、统计、编制档案、制订保护措施。据当时普查，诸葛八卦村一类保护建筑63幢，二类建筑55幢，三类建筑76幢，对建筑进行了挂牌，与户主签订保护责任书。[1]1997年，由清华大学建筑学院编制的《诸葛八卦村保护规划》通过论证。[2]《规划》重在诸葛村古村落的整体性保护，要求保护诸葛八卦村乡土聚落结构的完整性和民俗传统文化的延续性；实行重在保护、合理利用的方针，并对外围建筑控制区、景观控制区进行了划定。这一规划对村落古建筑的维修、改造及新建宅居提出了规范和指导，避免了乱拆、乱建、乱修的不良现象。文物旅游管理处和文物保护管理所两个机构运转正常，互不干涉，保护和开发能够做到平衡。

---

[1] 自1997年开始，诸葛村在市文物保护管理所的配合下，大力宣传《文物法》，把《文物法》中的章节写在墙上、印成册子、张贴在宣传栏内，并把毁坏文物的处罚措施写进《诸葛村村规民约》中。村中每年都要制作以《文物法》和《诸葛村村规民约》为内容的挂历，分发到每家每户。村内每幢古建筑都要挂牌，居住在古建筑内的村民必须签订保护责任书。对保护范围、建设控制地带进行打桩划界并予以公告。经过以上工作，保护意识已深入人心，全体村民参与到古村的保护中。见诸葛坤亨：《诸葛村的保护与开发》，《中国旅游报》，2011年2月28日，第007版。

[2] 邵媛：《诸葛八卦村文化的历史传承和当代保护》，福建师范大学，2007年，第35页。

政府干预诸葛村古村落的保护和开发后，也渐渐出现了一些问题。1996年，为了发展旅游业，兰溪市政府改变了诸葛八卦村原来的管理模式，接管了文物旅游管理处，成立了当地镇政府主管的诸葛旅游公司。由于作为经营者的政府和作为建筑产权所有者的村集体及村民没有达成良好的协作关系，村民保护古建筑的积极性不高，当地政府也不愿过多投入，阻碍了诸葛八卦村的长远发展。特别是1997年的"孔明苑"项目，违反了《诸葛八卦村保护规划》，对现有古建筑造成了较大的破坏。此后几经周折，经营权终于又回到诸葛八卦村村民手中，通过几年的发展，取得了不小的进步。更多的资金投入到古建筑的修缮和保护中去，旅游业的发展也带动了第三产业的长足进步。

当然，在古民居的修缮、保护和管理中也发现了一些问题。比如村民出于改善居住条件或其他原因，不愿意修缮房屋；而房屋所有权归村民个人，所以村委会和旅游公司在操作上存在困难。鉴于这样的情况，村委会提出了三种解决办法：第一，村委会与户主协商，收购房屋，由村里出钱维修，产权归属集体；第二，对经济条件差的住户给予经济补助，由村集体支付一部分维修费用；第三，对部分由于几家共有而在维修经费摊付上难以统一的住宅，村委会采取强制抢修的措施，要求户主与村委会双方签订协议，抢修前对危房进行估价，抢修费先由村委会垫付，维修好后房屋使用权归村委会，五年之内户主交清维修费，村委会将使用权归还，超过五年，村委会付给户主维修前评估的房价，产权即归村委会。村集体另外开辟了新区，将一部分由于居住面积不够或者旧房实在不适宜居住而允许建房的村民安排在新区建房，但是在批准建房地基前须与村委会签订老房子的保护合同，规定如果新房建成外迁后不对老房子进行保护和维修而造成毁坏，村里有权强制将老房收归集体保管和使用。[1]这些措施对诸葛八卦村古民居的维持和保护起到了良好的作用。

从诸葛村的保护和发展历程可以看出，古村落的保护是一个长期探索的过程，诸葛八卦村逐渐找到了自己的方向，形成了比较稳定的保护对策和措施。经过十多年的探索，诸葛八卦村形成了"村委会+旅游公司=村民"的运作模式。村内所有资产归村集体所有，村民是股东，旅游公司隶属于村委会，采取市场化经营方式，其收入按比例上交村委会，村委会负责将资金的一部分用于修缮建筑和其他旅游设施方面的投入。

除了诸葛八卦村募资和自己出资外，自入选国家级文保单位后，国家文物局曾多次拨款修缮诸葛八卦村古建筑，包括维修文与堂（2002年）、敦厚堂（2003年）、明德堂（2004年）、尚礼堂（2007年）等。

要更好更科学地保护诸葛八卦村的建筑，还需要得到专家的指

---

[1]邵媛：《诸葛八卦村文化的历史传承和当代保护》，福建师范大学，2007年，第37页。

导和建议。据《诸葛村志》记载，在诸葛村的提议下，2003年，兰溪市政府批准成立了诸葛村古村落保护专家组，聘请清华大学教授陈志华、北京故宫博物院副院长晋宏逵、省文物局规划设计院院长张书恒、省文物局副局长陈文晋四人为专家组成员，每年定期到诸葛八卦村现场指导。村里有一批专门修缮古建筑的工匠，他们在实际操作中、在专家指点下不断提高技艺，积累了丰富经验。这些工匠主要有章有均带头的木工队、梅来根带头的石匠队、冯水根带头的泥工队，上塘古商业街复原工程、三荣堂复建工程、尚礼堂、春晖堂大修等都是由他们施工的。2004年，诸葛八卦村又开辟诸葛亮生平事迹陈列馆，以景箱、图片、蜡像展示了诸葛亮一生不平凡的事迹，该馆已被浙江省纪委列为"浙江省廉政文化教育基地"。

目前，诸葛八卦村的保护工作从制度到实践都日趋完善，做到了开发和保护的相对平衡。"在开发中，诸葛八卦村坚持'保护为主、抢救第一、合理利用、加强管理'的文物保护方针，依托独特的村落资源，实行村民自治的保护模式，既让物质与非物质文化遗产得到了保护，给社会提供了一片和谐的旅游休闲胜地，也让当地百姓获得了切身利益。""为了保护古村的水文地理、文物建筑，古村清理了村内十八口水塘的淤泥，引活水进塘；改造自来水、污水处理；进行道路维修、建造公厕、种植绿化等。收购了大量旧砖瓦、旧石材、旧木料、雕花构件，用于维修，从而实现以旧修旧的效果。严格要求一、二类建筑的修缮工作, 即先必须编制修缮方案, 逐级上报审批, 并争取国家部分拨款支持。对大批的三类建筑, 则组织当地的土木工匠队伍进行修缮。十多年来古村共抢修古建筑四万多平方米, 整修道路超过六千米, 恢复了上塘古商业街。"[1]除了保护古建筑外, 八卦村还注重恢复传统的诸葛文化, 恢复了每年农历四月十四和八月二十八的祭祖活动及元宵节的板凳龙灯会, 并且将中医药业和旅游文化相结合, 发扬诸葛亮"不为良相, 便为良医"的祖训。为了缓解人口压力, 诸葛村在建设控制地带外、紧靠老村的地方规划建设了新村, 每年迁居一部分居民。可以说, 诸葛八卦村在古建筑保护上已经做了大量有建设性的工作, 通过多种积极有效的措施, 最大程度地保护了其建筑文化遗产。当然, 这项工作还得继续, 而且还会有各种各样的问题需要面对和解决。

二、古民居建筑保护中的问题和对策

保护是开发的前提, 诸葛八卦村是先辈们世代营建不息而留存今世的文化遗产, 我们首先要让这些文化遗产完整地保存下来, 使之能够以相对真实的传统面貌示人, 保持文脉的延续, 才能进一步谈旅游, 讲开发, 让文化遗产成为推动经济发展的资源。诸葛八卦村已经是国家级文物保护单位了, 有《文物保护法》可依, 但是在保护过程中, 由于各种原因, 依然有很多不尽如人意之处。

---

[1]诸葛坤亨:《诸葛村的保护与开发》,《中国旅游报》, 2011年2月28日, 第007版。

存在的问题主要有：

1. 注重对经典建筑的保护和修缮，而对一般的民居建筑缺乏足够重视。目前，丞相祠堂、大公堂、天一堂、雍睦堂等非民居建筑保护较好，也是旅游的重点路线，国家拨款及村内资金用于修缮和维护的建筑基本上倾向于此类；但是对于一般的民居，除了保存较完好、装饰较精美（如信堂路83号宅）的外，很多仍然处于放任状态。我们在考察过程中发现，很多缺少典型性和艺术性的民宅建筑保护欠缺。村民已经将部分建筑空间废弃或放置杂物，潮湿、霉变等不利因素正在侵蚀木构建筑，人为的隔断、重新改造也破坏了建筑的整体性和传统格局。

2. 传统和现代的矛盾冲突依然存在。和几乎所有的古村落一样，在旧居保存和新居建设之间，以及在建筑的旧风貌和新格调之间，似乎存在着难以调和的对立关系。虽然诸葛八卦村有新村规划，对老村原貌的保存有较强的意识，但还是存在一些难以控制的因素。比如村民把原来的木门换成铁皮门（信堂路69号），仿古木门配现代的圆孔锁，古朴的院墙上几根水管或电线穿过……诸葛八卦村入口处笔直的水泥路和当街的店铺也成为饱受诟病的地方，人们认为这些为旅游而建设的景观破坏了村落的"古"、"特"风貌。

3. 民居主人对建筑的保护意识有待进一步提高。民居是活态的生活空间，是宅主的安身立命之所。他们生长于斯，对这所宅院已经熟悉得不再有特别的感觉，在外人看来是文物的居所，在他们看来也许并非那么重要，在日常使用中可能不会像对文物一样对待它。部分民居长期大门紧闭，无人照看；部分杂物横置，污水遍地。日常的磕碰，年久的霉变，都会对宅居造成伤害。古民居建筑的维护需要全体村民乃至游客的共同努力，才能获得良好的效果。

4. 传统建筑营造技艺的传承人数量不断减少，技艺传承危机重重。虽然诸葛八卦村有专门的古建筑修复队伍，但是依然不能满足对传承人才的需求。由于传承方式的特殊性以及工匠工作的艰苦性，师傅带徒传艺和学徒学艺的积极性都不高。这就导致传承人日渐老龄化，部分传统技艺随着传承人的去世而"人亡艺绝"。而且，由于建筑营造涉及的工种多，技艺的传承便具有不均衡性，比如雕刻技艺的传承要好于大木作、石作和砖作技艺的传承。

保护发展的思路和对策有：

1. 重视村落建筑的整体性和原真性。任何建筑都不是孤立的，有其存在的物理空间和文化空间。民居建筑与整个村落环境是统一的，与非民居建筑、巷道、植被共同构成了诸葛八卦村的整体建筑空间。而这些物质层面的文化遗产背后，还有诸葛八卦村的历史与精神。传说、故事、习俗、礼仪、文化传统等都是在这个整体之内的，它们共同构建起诸葛八卦村丰富饱满的内涵。对于建筑的经营和修缮，要注意不要随便更改原来的样式和风格，即使要更改也要做得隐蔽一些。比如现代管线的布置要尽量隐蔽,建筑的改建修补、道路的施工等都要考虑到与原有建筑风格的协调和谐。

2. 坚持"保护第一,开发第二"的发展思路。保护和开发是一对矛盾体,二者紧密相关。开发在一定程度上也是一种保护,因为它引起了大家的关注,获取了经济利益,可以赢得较多的资金和较大的维修改造积极性。但当村落作为旅游资源加以开发时,需要注意开发的"度"。要注意开发应该建立在保护的基础上,也就是对建筑整体性和原真性的坚持,只有保护得好,开发才有资本。2006年,诸葛八卦村委托浙江林学院编制了《诸葛八卦村农业休闲观光总体规划》,以功能为依据,划分入口景观区、古村落保护区、中药保健休憩区、田园观光区、庙宇景观恢复区、卧龙庄度假村等六大区块,于2007年正式启动,2010年基本完成。这一规划专门设置古村落保护区,同时又拓展了旅游区的边界,兼顾保护与开发,丰富了诸葛八卦村的内涵,如果实施操作恰当,对于诸葛八卦村的长远发展大有裨益。

3. 加大宣传力度,提高村民自觉性,吸引专门人才。借助报纸、杂志、电视等媒介对诸葛八卦村民居建筑予以宣传,肯定其历史文化价值,扩大其知名度和影响力,唤起村民的自豪感和保护建筑的积极性。特别要认识到保护古建筑的关键是当地村民的积极参与,只有他们有了自觉意识,保护才会更有成效。

在加大宣传力度的同时，要注重吸引高层次的管理人才和服务人员，与高校建立联系，开展社会调查和科学研究。通过专家讲座和专题光盘、书籍，普及古村落和古建筑相关知识，提高保护主体的知识水平和文化素质。对于古村落来讲，不管是保护还是开发，都需要各种类型的人才。只有人们的综合素质提高了，对于古村落、古建筑的保护有了积极的态度和深刻的认识，整个村落的生存发展才能更顺利。

4. 开展深度普查，建立古民居的完整档案。目前关于诸葛八卦村的研究已经有了一定成果，相关著述有陈志华《诸葛八卦村》、王景新《诸葛：武侯后裔聚居古村》以及2013年版的《诸葛八卦村志》等。但当前的研究及档案主要收录的是代表性的建筑，对于那些非典型的建筑未能勘察记录。而诸葛八卦村的建筑作为一个整体应该包括几乎全部的建筑，凡是属于文物范畴的，都应该建立档案，予以准确科学地记录。当然，这样的工作应该有先后、有详略。如果有建筑的修复、改建、拆除等情况，应该及时做好备注，与原始档案相衔接，方便后人查阅使用。

5. 应用虚拟现实技术，拓展保护途径。虚拟现实（简称VR），又称灵境技术，是以沉浸性、交互性和构想性为基本特征的计算机高级人机界面。它综合利用了计算机图形学、仿真技术、多媒体技术、人工智能技术、计算机网络技术、并行处理技术和多传感器技术，模拟人的视觉、听觉、触觉等感觉器官功能，使人能够沉浸在计算机生成的虚拟境界中，并能够通过语言、手势等自然的方式与之进行实时互动，创建了一种适人化的多维信息空间。使用者不仅能够通过虚拟现实系统感受到在客观物理世界中所经历的"身临其境"的逼真性，而且能够突破空间、时间以及其他客观限制，感受到真实世界中无法亲身经历的体验。

未来的诸葛八卦村，其整个村落的建筑、街巷、池塘、草木等，都可以通过影像数据采集手段，建立起实物三维或模型数据库，保存文物原有的各项数据和空间关系等重要资源，实现濒危文物资源的科学、高精度和永久的保存。这样，建筑的修复工作就有了详细的参数，大大提高了修复和保护的准确性和效率。要完成这样的工作需要大量的时间，可以分为三步：第一是前期的调研和数据采集，详细、准确地勘察、测绘诸葛八卦村建筑的各项数据参数，拍摄多角度的照片；第二是在掌握所有建筑的具体参数后，开始3D建模，将古建筑一一再现，这是工作的关键，是非常繁重的一部分；第三是完成交互设计，实现预设目的。虚拟现实技术的应用目的是利用计算机技术建构出一个虚拟的诸葛八卦村，和一般的数字建模不同，这种虚拟技术可以使人在虚拟的场景中开展各种活动，身临其境地游走在诸葛八卦村各个建筑之中，可以在虚拟场景中抓取物品，推开门窗，并产生真实的触感，可以查看各个建筑的信息和故事，实现不同游客及游客与导游间的互动交流。

6. 发掘传承人，保护传承人，培养传承人。优秀的传承人（工匠）是传统建筑技艺留存发展的关键，我们需要从各个角度入手，对传承人进行全面保护。首先要普查、确立不同工种的传承人，明确其身份，肯定其价值，并通过一定的途径给予支持和补助。对那些在传统建筑技艺传承方面作出贡献的传承人进行鼓励表彰，并及时建立传承人名录，对其所掌握的传统技艺通过文字、视频、图像等形式予以整理、建档保存，以备不时之需。在时机成熟时，建立一定的培训体系，提高老艺人的综合素质，吸引新生力量加入到技艺传承的队伍中来。

总之，不管采取何种措施和手段，目的只有一个，那就是保存、保护好诸葛八卦村的古民居建筑，在保护的基础上有选择地开发，推动村落的发展进步，让古村落在新时代焕发出新的生机。

附录
诸葛村代表性民居建筑

在兰溪市诸葛·长乐保护管理所保存的《全国重点文物保护单位记录档案》中,详细记录了诸葛八卦村典型民居建筑的格局和特色。[1]

1. 诸葛寿富宅(雍睦路28—29号)

诸葛寿富宅位于雍睦路28—29号,坐西朝东,东邻雍睦路26号民居,南邻雍睦堂,西北靠果合山。该宅建于明代晚期,平面为三间二进两明堂,硬山顶,阴阳合瓦,有望砖,三合土地面,青石天井。其通面宽11.98米,通进深29.5米,占地面积为390平方米。(1)前进:三间两搭厢建筑,有金鼓架,大门开在正中。其楼上高敞,高4.78米;楼下较低,为3.78米;属楼上厅建筑。其明间宽4.18米,次间宽3.9米,通面宽11.98米,通进深6.3米,厢房宽2.66米,深1.94米。(2)大门:用青石门框,实梢门,有花砖出跳的门罩,檐口有勾滴。金鼓架:用单坡顶,斜撑式牛腿。

---

[1] 以下1—4民居转引自王景新《诸葛:武侯后裔聚居古村》,浙江大学出版社,2011年,第79—83页。5—6民居转引自《诸葛村志》。其中1—4皆为明清时期所建,5—6为民国时期所建。

（3）明间：梁架为穿斗抬梁相结合。楼下用五柱，有中柱，穿斗式，鼓形柱础，有隔断。楼上用四柱，无中柱，梁架抬梁式，为四柱九檩（上金檩和脊檩为圆形，其他为方檩），即五架梁带前后双步梁，月梁造，梁断面近矩形，梁嘴饰半月形龙须纹。其前后双步梁和三架梁下用鸥鱼吐水状雀替，五架梁下用鸥鱼吐水状雀替和出一跳丁头拱。金柱和前檐柱上及脊檩下都用一跳斗拱，其余部位都用二跳斗拱。明后间额枋有一斗六升平身科二攒，前额枋上用宫式漏窗。（4）次间：进深用五柱，有落地中柱，楼下用穿枋二道。楼上各柱间都有双步梁，月梁造，梁下雀替均为鸥鱼吐水状，梁嘴饰半月状龙须纹。各步架间都有鸥鱼状单步梁。后额枋上有一斗六升斗拱一攒，前额枋上用夹竹泥墙，檩条下斗拱与明间相对应。（5）厢房：用单坡顶，二柱二檩，穿斗式，柱顶设单斗，厢房与次间有隔断，用一板门相通。

（6）天井：流水沟用青石制作，主体建筑楼上靠天井设隔断，明间上用六扇板窗，两侧夹泥墙，此间设两扇板窗，两侧用夹竹泥墙，其下部均有挡雨板，挡雨板与窗之间饰花板，雕刻精美。

（7）后进：三间两厢带一楼梯开（北侧）二楼，明间宽3.7米，次间宽3.5米，楼梯弄宽1.4米，通面宽12.1米，通进深6.6米，深6.2米，厢房面宽3米，北厢进深2.8米，南厢进深1.65米。天井地面用青石板错缝铺设。楼上靠天井设隔断，明间有窗八扇，下有隔板，外用挡雨板；次间靠天井设二窗，与厢房有隔断，用板门相通，厢房靠天井设二扇窗，其中北厢两侧用板，南厢用夹竹泥墙隔断，其窗下都有隔板，外用挡雨板保护。

2. 诸葛波宅（信堂路106号）

诸葛波宅坐落在大公堂北侧，钟池南岸。坐西朝东，东邻信堂路105号，南邻信堂路107号，西靠信堂路107号，北邻崇信堂，其东北15米处是钟池。该建筑建于清中晚期，平面为三间两搭厢，二楼，其楼下高3.2米，楼上3.55米，硬山顶，马头墙，占地面积103平方米。明间面宽3.61米，次间3.08米，进深5.59米，靠天井用重檐，上檐用斜撑式牛腿，下檐用卷草纹牛腿，鼓形柱础。厢房面宽2.72米，深2米，仿斜墁三合土地面，青石天井，面宽4.8米，深2.1米，前檐墙体上设砖砌漏窗。大门设北厢，用青石门框，实梢大门，其外又有矮门（五抹板门），上有暗八仙雕刻，北厢与北次间、北厢与天井之间用葵式屏门隔断，现存6只，雕饰精美。南厢隔断已毁。明间楼下设四柱，柱间用月梁形承重，断面鼓形，梁嘴饰半月状龙须纹，后金柱间设堂门，后廊设楼梯，自南往北上。楼上梁架为五柱五檩，穿斗式，檩下设方替木与柱承接，次间用五柱，楼上、楼下皆用穿斗式，楼上梁架为五柱五檩，檩下也设方替木承接各柱。楼上靠天井设隔断，下部用板，上部明间设花窗四扇，次间、厢房各设四抹板窗两扇，其空余部分用夹竹泥墙。

3. 赵瑞昌宅（信堂路81号）

赵瑞昌宅坐西朝东，东靠诸葛大公堂，南靠信堂路72号民居，西为小山坡，与天一堂后花园相距30米，北有占地面积为30平方米的小院落及侧屋三间，其外侧是信堂路。该建筑建于明末清初，通面宽10.8米，通进深17米，占地面积204平方米，平面布局为三间二进二明堂，属前厅后堂楼式建筑，即前进为厅，单层，露明造，三间两搭厢，前有一字影壁，影壁与前厅之间是天井，两侧是厢房；后进是堂楼，二层，平面为三间两厢。两进之间有天井，天井两侧用厢房连接前后进。硬山顶，马头墙，屋面用阴阳合瓦，三合土地面，石砌天井。（1）影壁：一字形，位于主建筑正前方，砌入正面墙体内，两侧同厢房山墙相连，与墙体上的小青瓦压顶形成重檐。影壁为磨砖结构，四柱单楼，通宽7.16米，通高3.15米，下用红石须弥座基，高0.62米。檐口用花砖出跳，饰勾滴。（2）前厅：平面布局为三间两搭厢，由主厅三间及主厅与影壁之间的天井和天井两侧的厢房组成。无正门，在两山墙开侧门通行。（3）主厅：露明造，明间面宽4.12米，次间面宽3.34米，通面宽10.8米，通进深6.5米。明间梁造为四柱九檩，即五架梁带前后双步梁，月梁造，梁断面鼓形，梁下用鸱鱼吐水状扇形雀替；梭形柱，柱顶卷刹明显。鼓形柱础，下垫覆盆。檐柱与金珠设双步梁，其间双步梁上用出二跳隔架科承托前下金檩，后双步梁用出一跳隔架科承托后下金檩，其隔断科与柱头科之间有鸱鱼吐水状单步梁。前后金柱间设五架梁，梁背置出二跳隔架科二攒，承托前后上金檩，两隔架科间设三架梁，隔架科与金柱柱头科之间用单步梁连接。三架梁上置一攒出一跳斗拱承托脊檩。各柱柱头科除前金柱用出一跳外，其余均用出二跳斗拱。明间后金柱间设额枋，枋上有一斗六升平身科二攒，枋下设九抹堂门四扇，下用青石地伏。前檐檩下皮高浮雕"百鸟朝凤"，前下金檩下皮高浮雕"丹桂吐香"，前金檩下皮高浮雕中间"五鱼戏水"，两端"双鸱鱼吐水"，图案形象生动。次间梁架上五柱九檩，穿斗式，其中柱落地，上、下金檩下用童柱，立在穿枋上，下部雕莲花状。柱顶有卷刹，质形柱础。穿枋间用夹竹泥墙，枋下用堂门隔断，下用青石地伏，前后檐柱柱顶用出二跳斗拱，其余均用出一跳斗拱。后额枋下有九抹堂门四扇，青石地伏。（4）厢房：单间、单坡顶，其面宽2.4米，进深1.8米，用二柱，梁架不露明有平棋，两侧山墙都设大门通行。（5）后堂楼：二层，平面布局为主楼三间带两弄，主楼与前厅之间有天井，天井两侧厢房，靠山墙开门从厢房通行。（6）主楼：明间面宽3.65米，次间宽3.15米，弄宽0.95米，通面宽11.85米，通进深5.2米。明间楼下用四柱，质形柱础，下垫覆盆。有月梁形承重，两端饰半月状龙须纹，下有水浪纹雀替，梁上用方墩，墩上设随梁枋。楼上为五柱五檩，穿斗式，有中柱，但不落地，立在随梁枋上。各柱与檩之间用方替木承接。各檐柱上用斜撑式牛腿，上有出一跳斗拱承托挑檐枋。楼上明间前廊筑台，高0.6米，宽1.3米。此间梁架五柱五檩穿斗式，质形柱础，各柱与檩条间用方替木承接。次间楼下前金柱间有额枋，枋上有一斗三升平身科一攒，下有斜格及宫式漏窗，下有砖砌隔断。靠天井前檐柱间楼上有隔断窗，明间中间设两扇格子窗，两边为格子漏窗，次间中间设两扇格子窗，两边用板，楼下明次间前檐柱之间有额枋，枋下均有出二跳丁头拱。明、次间隔断上部用板，下部用砖。（7）弄：南弄设楼梯，北弄设杂柜。（8）后进厢房：单间，单坡顶，面宽2.1米，进深2.2米，无柱，用过梁连接前后次间的额枋，有平棋。其南厢有一小门，北厢有一圆拱门向外通行。（9）天井：前进天井面宽6.05米，深1.65米。后进天井面宽6.15米，深0.85米，都用条石错缝铺设，四周设疏水沟。

4. 诸葛高嵩宅（信堂路83号）

该住宅为三间二进二明堂建筑，属前厅后堂楼结构。坐落于大公堂西侧，坐北朝南，东邻大公堂前的院落，南为通往行原堂的弄堂，西邻民居，北为院落和侧屋。住宅建于明末清初。硬山顶、马头墙，阴阳合瓦。通面宽约12米，通进深约21米，占地面积250平方米。正门设东厢，苏式雕砖门楼。第一进前檐为内八字雕砖照壁，楼下用抬梁，月梁造，前有轩廊，额枋下有浮雕，楼上靠天井设凉台，用牛腿承托。后进为三间两搭厢楼上厅建筑，前后二进之间有天井，后进台基高于前进，天井中有石级往上。后进楼上厅结构漂亮，明间梁架为内四界带四架卷棚后双步梁，月梁造，檩下皮浮雕精美。次间边栿也为月梁。楼下、楼上厅堂皆有月梁。

5. 行堂路8号及10号宅

该住宅位于行堂路8号、10号，其东为行堂路26号，南为行堂路6号，西为行堂路9号，北为行堂路15号。（1）行堂路8号，坐东南朝西北，硬山顶，马头墙，三合土地面，阴阳合瓦。平面布局为三间两搭，二楼。其楼上高3.57米，有金鼓架，中间开正门。主建筑与金鼓架间有天井，天井两侧是厢房，通面宽10.2米，通进深10.3米，占地面积120平方米。主建筑：面宽三间，两层楼，楼梯设在明间后廊，明间面宽3.56米，次间面宽3.32米，通面宽10.2米，通进深6.8米。明间楼下用六柱，鼓形柱础。前廊有承重，通体雕刻卷草纹，中间浮雕戏曲人物。承重断面矩形，下用卷草纹、动物扇形雀替。明间后部分用穿枋连接，柱间用堂门隔断，下用青石地伏。楼上梁架穿斗式，为七柱七檩。前下金檩下用短柱，立在楼下随梁枋上。其余各柱均为通柱，柱与檩之间用方替木承接。次间梁架柱网布局同明间相同，其楼下前廊用穿枋连接，其余均与明间相同。厢房：单间，单坡顶，面宽3.47米，进深2.13米，梁架用二柱三檩，穿斗式，靠次间无梁架，用过梁连接。过梁断面矩形，两端饰卷草纹，中间雕蝙蝠。金鼓架，单坡顶，用二柱，鼓形柱础，二柱之间设大额枋，枋断面矩形，两端饰卷草纹，中间雕果盒，下用卷草纹人物大雀替。靠天井四周筑凉台，凉台高0.88米，外挑0.46米，上有宫式护栏高0.41米，凉台用卷草纹牛腿承托，牛腿上有浮雕人物，牛腿上有软挑头与柱连接，软挑头三方形短柱支托挑檐枋。（2）行堂路10号，二层楼，硬山顶，马头墙，平面布局为三间两搭厢，其通面宽10.2米，通进深10.3米，占地面积118平方米。其梁架结构、柱网布局同行堂路8号一样，主建筑面宽相同，进深不同，为7.50米；厢房进深相同，面宽不同，为2.8米；天井四周的凉台做法不同，用直棂护栏，台高0.84米，出跳0.47米，护栏高0.46米。

6. 尚丰路48号住宅

该建筑建于1935年。坐东朝西，硬山顶、马头墙、阴阳合瓦，为三间两搭厢住宅，通面宽约11.5米，通进深约11米，占地面积约126平方米。大门开于北厢，红砂岩石库门面，木质大门，没有金鼓架。大门前有院落，约60平方米，院落前有朝西木构门屋一间，现已倒塌。院落南侧有附属用房三间，另开正门；正屋北侧也有附属用房三间，有边门与正屋的四尺弄相通。

正屋明间宽约4米，进深约8米，次间宽约3.6米。明间正对为天井，青石板铺设。天井两侧为厢房。厢房宽约2.5米，进深约3米，北厢房就是正门的门厅，南厢房有边门通院落中的附属用房，厢房均不装修。

　　明间中榀五柱七檩，为通直柱，鼓形青石柱墩。楼下高约3米，楼上至脊檩高约3.5米。楼下四尺弄用小方梁，其他承重均用穿枋，楼上梁架也为穿斗式，次间柱网梁架同明间。厢房为二柱三檩，双坡顶，内坡水流向天井，外坡水流向墙外。明间、次间用圆杉木楼栅24根，厢房用楼栅7根。楼梯设在明间槕门照壁后。

　　整幢建筑几乎没有装饰性雕刻，只在楼檐上有几只光板小牛腿支撑挑檐枋。

参考书目

1. 陈志华，李秋香：《诸葛村》，清华大学出版社，2010年。

2. 《诸葛村志》编委会：《诸葛村志》，西泠印社出版社，2013年。

3. 王景新：《诸葛：武侯后裔聚居古村》，浙江大学出版社，2011年。

4. 黄续，黄斌：《婺州民居传统营造技艺》，安徽科学技术出版社，2013年。

5. 丁俊清，杨新平：《浙江民居》，中国建筑出版社，2009年。

6. 李浈：《中国传统建筑形制与工艺》，同济大学出版社，2006年。

7. 兰溪市志办：《兰溪市志》，浙江人民出版社，1988年。

后记

对于诸葛八卦村，早就听闻其名，也曾作为一名普通的旅游者领略过它的面貌与魅力。惊奇于这是诸葛亮后裔的最大聚居地，感叹于当年诸葛大狮以九宫八卦格局营建诸葛村的不凡智慧。粉墙黛瓦，悠悠小巷，肥梁胖柱，木雕砖刻，都在诉说着村落的历史和文化。建筑，诸葛村最突出的文化遗产，给了我深刻的印象。

而当我接受委托编写《诸葛村古村落营造技艺》一书时，顿感压力。因为建筑营造技艺和一般的工艺美术不同，它的专业性较强，涉及的工种多，又存在古今差异，传承人难成体系，所以很难去把握。我一直担心难以胜任这样的工作，好在关于诸葛村的研究已经有了大量的前期成果，包括出版的书籍及公开发表的论文。这给本书的编写提供了大量的资料。由于缺乏建筑专业背景，我只能边搜寻文献，边学习，边写作。虽然过程紧迫而有难度，但是别有一番乐趣。通过翻阅文献和实地调查，我对于诸葛村的认识也越来越完整而丰富，也更能感受到诸葛村建筑的文化底蕴。

在编写和实地考察过程中，诸葛村委会、诸葛旅游发展有限公司及兰溪市"非遗"中心的相关领导给予了极大的支持。正是他们的支持和帮助，才使得本书的编写更加顺利，在此特别感谢！书中大量资料参考了已经出版或发表的著作、论文、文章，相关引用已作注释或列入参考文献，在此也感谢诸葛村研究的先行者。还要感谢省"非遗"专家季海波先生对本书的审阅。

虽然教学工作及一些日常杂事耽误了不少时间，但在各方支持和帮助下，终在仓促中成稿。由于时间紧、水平有限，书中难免出现舛误，还请读者指正！

编著者

2014年8月

责任编辑：张　宇

特约编辑：张德强

装帧设计：任惠安

责任校对：高余朵

责任印制：朱圣学

装帧顾问：张　望

图书在版编目（ＣＩＰ）数据

诸葛村古村落营造技艺 / 孙发成编著. —— 杭州：浙江
摄影出版社, 2014.11（2023.1重印）

　（浙江省非物质文化遗产代表作丛书 / 金兴盛主编）

　ISBN 978-7-5514-0754-0

　Ⅰ. ①诸… Ⅱ. ①孙… Ⅲ. ①乡村—建筑艺术—兰溪市
Ⅳ. ①TU-881.2

中国版本图书馆CIP数据核字(2014)第223611号

诸葛村古村落营造技艺

孙发成　编著

全国百佳图书出版单位

浙江摄影出版社出版发行

　　　　地址：杭州市体育场路347号

　　　　邮编：310006

　　　　网址：www.photo.zjcb.com

制版：浙江新华图文制作有限公司

印刷：廊坊市印艺阁数字科技有限公司

开本：960mm×1270mm　1/32

印张：5.75

2014年11月第1版　　2023年1月第2次印刷

ISBN 978-7-5514-0754-0

定价：46.00元